역사·전례·양식으로 본
한국의 교회건축

역사·전례·양식으로 본
한국의 교회건축

글쓴이 소개 | 김 정 신

1952년 경남 남해에서 태어났다. 서울대학교와 동 대학원 건축학과를 졸업하고
「한국 가톨릭 성당건축의 수용과 변천과정」으로 박사학위를 받았다. 해군본부
시설감실과 한국환경설계연구소에서 실무를 익히고, 영국 Bath대학(1990년),
일본 京都대학(1997년 단기)에서 연수하였다.
1980년부터 단국대학교 건축학과 교수로 재직하면서 교회건축과 한국근대건축사,
문화유산보존에 대한 작품과 연구활동을 하고 있다.

주요작품으로는 영암시종공소(1998), 약현성당 복원(2000), 북한 KEDO종교동
(2001), 송현성당(2004) 등이 있고, 가톨릭미술상(2005), 대한건축학회 특별상
남파상(2005), 소우 저작상(2009), 한국건축역사학회 송현논문상(2011)을
수상하였으며, 문화재청과 서울시 문화재위원으로 활동하고 있다.

역사, 전례, 양식으로 본 한국의 교회건축

2012년 7월 10일 1판 1쇄 인쇄
2012년 7월 15일 1판 1쇄 발행

지은이 김 정 신
펴낸이 강 찬 석
펴낸곳 도서출판 미세움
주 소 150-838 서울시 영등포구 신길동 194-70
전 화 02-844-0855 팩 스 02-703-7508
등 록 제313-2007-000133호

ISBN 978-89-85493-57-4 93540

정가 20,000원

사진 : 김정신·문수영·주호식·이선종
이 책은 2009년도 단국대학교 대학 연구비 지원에 의해 이루어졌습니다.

역사, 전례, 양식으로 본

한국의 교회건축

김정신 지음

《한국의 교회건축》을 반기며

김정신 교수님은 일찍이 누구보다도 심도 있게 우리나라 천주교 성당 건축사를 연구한 데 더하여 유럽 현대 교회건축사도 체계적으로 소개한 바 있습니다.

이제 그리스도교가 이 땅에 뿌리 내린지도 오래 되어, 불교·유교와 함께 오늘을 사는 우리 정신문화의 소중한 일부가 되었습니다.

그러나 그럴수록 종교심의 가시적 표현인 교회건축의 내용과 형태와 의미를 더욱 성숙하게 살피고 그 문화적 책임을 함께 느껴야 할 때가 아닌가 합니다.

이번에 김정신 교수님이 새로 펴낸 역작은 우리나라 그리스도교의 서로 다른 주요 전통과 흐름을 하나로 아우른 최초의 유기적 고찰로서, 시의에 매우 적합할 뿐더러 앞으로 모두가 진지하게 모색하고 지향할 길을 가리키는 긴요한 이정표라 하겠습니다.

천주교 춘천교구 전교구장

장익 요한

아! 그대가 있어서 안심입니다

웅장하고 화려한 중세 교회건축물을 보면서 저는 많이 부끄러웠습니다. 얼마나 많은 사람들이 힘들었고 희생당하고, 하느님을 원망했을까라는 생각을 떨쳐버리지 못했습니다. 교회건물이 하느님에 대한 사랑과 충성을 대변해 주지 못합니다. 지금도 많은 유명하고 오래된 교회들이 헐려나가고 버려지고 또 술집이나 가게로 변해가고 있습니다. 그러나 그 교회의 시대정신과 신앙과 역사를 소홀히 할 수 없는 일입니다.

이 일로 목숨을 건 김정신 교수님! 감사합니다. 우리가 지켜야 할 것은 건물만이 아니라 그 안에 담긴 수많은 고백들이라는 것을 찾아내고 보존하고 전하려는 교수님의 수고에 마음을 다해 감사를 드립니다.

벽돌 하나 그냥 보시지 않는 교수님께 지금까지도 교회를 장사꾼의 소굴로 만드는 일에 일조를 하는 제 부끄러움을 고해하는 심정으로 그대가 하는 일에 머리 숙여 감사를 드립니다.

힘들어도, 위로가 없어도, 이 땅에 껍데기만 남은 교회에 그 정신을 되찾아 주시기를 간절히 부탁합니다.

대한성공회 의장
주교 김근상

머리말

세계의 오랜 역사와 전통을 가진 민족과 국가를 볼 때 항상 고유의 건축물이 그 문화의 척도가 되어 왔으며, 건축은 '기술'로만이 아닌 '문화적 유산과 자산'으로 이해되어 왔던 것을 볼 수 있습니다. 인류가 가진 전 문화유산의 많은 부분은 바로 '건축'이라고 할 수 있으며 그 중에서도 종교건축이 차지하는 비중이 가장 큰 것은 두말할 필요가 없습니다. 종교건축은 동서양을 막론하고 고대부터 현대까지 인류문화유산의 대표로서 시대정신을 반영하여 왔으며, 항상 그 시대 최고의 건축가들과 장인들이 그 시대정신을 건축과 예술의 언어로 하느님께 봉헌한 자취입니다.

그리스도교가 이 땅에 전래된지 220여년이 되었습니다. 초기엔 혹독한 박해를 받았지만 불교문화와 유교문화를 찬란히 꽃피운 민족문화의 바탕 위에서, 세계 종교-기독교, 불교, 유교-가 함께 공존하면서 한국 그리스도교는 세계에 유래가 없는 성장을 하였습니다. 그 성장과정에서 교회건축은 신앙의 자세와 의식을 반영한 한국 그리스도교문화의 표상으로서 다양하게 변천, 발전하여 왔습니다. 개항기와 일제강점기, 그리고 전란과 격동기의 어려운 시대에도 훌륭한 교회당이 지어졌고, 적지 않은 교회건축물들이 근대기 건축문화유산으로 지정되거나 등록되었습니다.

1980년대 이후 지난 30년간 우리나라에서는 세계에 그 유래를 찾아

볼 수 없을 만큼 많은 교회당이 지어졌습니다. 그러나 정말 종교적이며, 그리스도교적이고, 한국적인 현대 교회당을 우리는 몇 개나 가지고 있는지 자문해보지 않을 수 없습니다. 과연 우리 시대에 맞는 교회건축은 어떤 것일까? 그리고 이를 실현하려면 어떤 노력이 필요한 것일까? 교회건축이라고 해서 급변하는 현대 건축조류를 외면할 수는 없습니다. 그러나 교회건축은 기본적으로 지나온 역사와 유산, 신앙의 원천인 전례, 그리고 전통과 양식에서 출발해야 합니다.

이 책은 크게 세 부분으로 구성되어 있습니다. 제1부 '찬란한 신앙의 유산'에서는 주요 교회건축물을 소개합니다. 문화재로 지정·등록된 교회건축물 중 대표적인 유산을 골라 사진과 함께 건축적·역사적 가치를 새겨보았습니다. 제2부 '한국 그리스도교의 수용과 교회건축의 발전'은 "교회건축이 어떠한 과정을 거쳐 수용되고, 변천·발전되었는가?" 하는 100년의 한국 교회건축 변천사입니다. 그리고 제3부 '종파별 전례와 건축양식'에서는 천주교, 정교회, 개신교, 성공회 등 그리스도교의 각 종파별 예배의식과 특징, 그리고 건축양식적 전통에 대해 고찰해 보았습니다.

역사·전례·양식은 교회건축을 계획하고 설계하는 데 있어 고려해야 할 기본요소입니다. 교회건축은 우리 도시경관의 중요한 부분이 되었고, 또한 우리의 귀중한 문화유산입니다. 이 책이 교회문화의 전통과 유산에 대한 관심을 높이고 교회건축의 실천적인 발전에 다소라도 도움이 되기를 기대합니다.

2012년 6월

저자 김 정 신

차례

찬란한 신앙의 유산

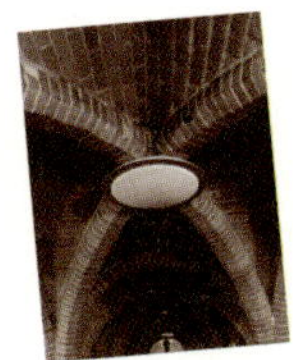

01

천주교

한국 천주교 교회건축은 120여년의 짧은 역사 속에서도 한국 가톨릭 문화의 표상으로서 시대와 신앙의 내용을 반영하면서 다양하게 변천, 발전하여왔다. 그 변천과정은 개화기(1886~1910), 일제강점기(1910~45), 격동기(1945~62), 근대(1962~84), 현대(1984~)의 5단계의 시대구분이 가능하며 서양 교회건축 2000년사를 축소한 것과 유사하게 이념적(ideational)→감각적(sensate)인 변천의 순환과정을 보여준다.

현재 천주교 건축문화재는 지정문화재 35개소, 등록문화재 22개소이며, 양식상으로는 크게 서양식(로마네스크 양식, 고딕 양식)과 전통양식, 그리고 절충식 및 탈양식, 근대주의(모더니즘) 등으로 분류할 수 있다.

최근 교구청 신축과 개발문제로 세간의 이목을 집중시킨 천주교 명동 성당은 서울대교구 주교좌 성당이며 우리나라 최초의 본당이자 한국 교회의 상징이다.

천주교는 17세기 초부터 중국에 외교사절로 파견된 부연사행(赴燕使行)을 통해 먼저 서학(西學)이라는 학문으로 소개되었으며 18세기 후반에 종교로 발전하였다. 선교사의 전교 없이 오로지 한역 서학서를 매개로 하여 자발적으로 천주교회가 창설되었던 것인데 바로 그 첫 장소가 명동인 것이다. 1784년 최초로 이곳 명례방에서 신앙 공동체가 성립되었다. 그러나 조선의 유교사회와 문화에 마찰과 충격을 주게 되었고, 1만여 명이 순교하는 등 혹독한 박해와 수많은 고난을 겪게 된다.

개항 이후 1880년대에 들어와 비로소 종교의 자유를 획득하여 서양 선교사들의 자유로운 활동이 보장되고 완전한 교회로 출발하였다. 일제강점기 때 현세 도피적인 구령종교의 성격을 띠긴 하였지만 교세는 계속 성장하였으며, 1970~80년대의 민주화운동에 앞장서기도 하였다. 한국 천주교는 초기 혹독한 박해를 받았지만 세계 종교–기독교, 불교, 유교–와 함께 공존하면서 세계 그리스도교 교회에서 가장 역동적인 공동체로 성장하였다.

서울 도심 중의 도심인 명동의 경사지 구릉 정상부에 위치한 명동성당(1898, 사적 제258호)은 고딕 구조에 가까운 본격적인 서양식 성당이다. 박해시대 때 최초의 교회 공동체가 설립된 유서 깊은 장소에 코

스트(Coste, 1842~1896) 신부가 설계하고 파리 외방전교회의 재정지원으로 1892년 착공하여 1898년 준공되었다. 세로날개의 길이가 가로날개의 길이보다 긴 전형적인 라틴 십자가 평면으로 회중석(nave)과 측랑(aisle)은 물론 십자날개의 익랑(transept)이 뚜렷이 자리 잡고 있다. 길이 65.3m, 폭 26.9m, 넓이 1,398.9m²(연면적 2,182m²), 지붕 높이 22.5m, 종탑 높이 49.3m이다.

내부는 가운데 주랑(主廊)과 좌우 양 측랑(側廊)으로 구성된 삼랑식으로 6개의 회중석 베이(bay, 間)와 교차부, 2개의 성단(聖壇) 베이와 돌출한 5각 앱스(apse)로 구성되고 앱스 주위는 제의실로 쓰이는 보회랑이 둘러싸고 있다. 내부 주랑벽은 횡단 아치 1개로 지지되는 아케이드와 4개의 뾰죽 아치로 연속되는 어두운 공중회랑(triforium) 및 2연창의 광창 등 3단으로 구성되어 있다. 내부 열주는 회색 이형 벽돌의 조적에 의한 다발기둥(族柱, clustered pier)으로 되어 있는데, 로마네스크 양식의 둔중한 형태이나 기둥 중간에 돌출 장식이 없이 천장 리브에 바로 연결되어 중량감을 약화시키고 수직의 상승감을 높여주고 있다. 천장은 주랑과 측랑 모두 교차 리브 궁륭(cross rib vault)이며 주랑의 폭은 측랑의 2배다. 이와 같은 내부 공간의 구성은 뾰죽 아치창의 스테인드글라스를

1. 명동성당 지하 경당
2. 명동성당 내부

통해 들어오는 빛과 분절된 곡면천장에서 울려 퍼지는 음의 효과와 함께 중세 고딕의 내부 공간을 훌륭히 연출하고 있다.

원래 서양 고딕 양식은 석조에 의해 그 정교함을 나타내지만 명동성당의 경우 붉은색 벽돌과 전통재료인 전돌의 의장기법을 응용한 회색 이형 벽돌을 써서 풍부한 장식적 디테일을 나타내고 있다. 내부 공간의 고딕적인 분위기에 비해 단순한 외관과 견고한 벽체, 분절적인 구조의 노출 등 구조체계와 공법은 로마네스크 양식에 가깝다.

앞서 지은 명동 샬트르 수녀원과 주교관, 용산신학교와 약현성당을 통해 벽돌의 자작 생산과 이형 벽돌을 실험한 코스트 신부의 최고의 걸작으로 1977년 국가문화재 사적으로 지정되었다. 아시아권의 성당건축으로 내부 공간구성과 의장적 처리가 빼어난 건물로 평가받고 있다.

명동성당은 이러한 건축적 가치뿐만 아니라 본당 설립 이후 120여 년간 줄곧 한국 천주교 신앙의 중심일뿐만 아니라, 오랜 박해에서 획득한 신앙 자유의 상징, 소외받고 가난한 민중의 안식처요, 민주화운동의 상징 역할을 하여온 정신적, 무형의 가치가 있다. 또한 명동성당뿐만 아니라 인접한 샬트르 성 바오로 수녀원과 계성여자고등학교 구역을 포함하여 오래된 벽돌조 건물군이 잘 보존되어 있고 곳곳에 역사의 흔적을 간직하고 있어 실로 한국 근대사와 한국 가톨릭 교회의 발전상을 대표하는 상징적 공간이라 할 수 있다.

명동성당 후면

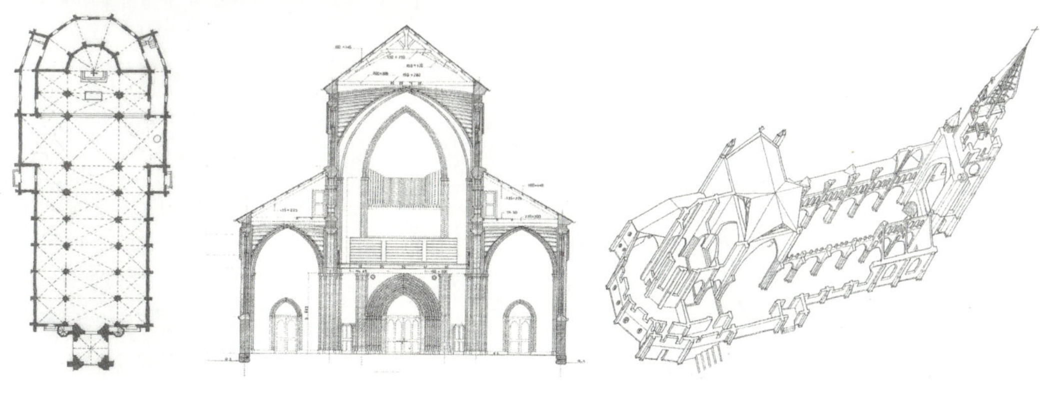

명동성당 평면도   명동성당 단면도   명동성당 공간구조도

약현성당과 서소문 순교터

1886년 한불 조약이 체결된 뒤 서울에서 천주교 신자가 증가하자 1887년에 블랑(Blanc, 白圭三, 1884~1890, 요한) 주교는 이곳 순화동의 수레골에 교리 강습소를 설립하여 강당을 짓고 교리를 가르쳤는데 이것이 공소가 되었다. 1890년에 이르러 문밖 공소가 문안 본당(종현, 지금의 명동)을 능가하게 되자, 1891년 종현 본당으로부터 분리되어 서울에서는 2번째, 전국에서는 9번째 본당으로 설립되었다.

문밖 본당, 성 요셉성당으로 불린 약현 본당은 명동성당을 설계한 코스트 신부가 설계와 감독을 맡아 1892년에 한국인 청부업자에 의해 건축되었다. 한옥 성당과 서양식 성당을 포함해서 한국 최초로 지어진 약현성당은 이후 활발하게 전개된 성당건축에서 줄곧 모델이 되었다. 1893년 축성한 후 1905년에 종탑 꼭데기에 첨탑을 올렸으며, 1921년 성당 내부의 칸막이를 철거하고 벽돌기둥을 돌기둥으로 교체하였다. 1974년부터 2년간 대대적인 보수공사를 시행하고 파이프 오르간을 설치하였으며, 1977년 문화재(사적 제252호)로 지정되었다. 그러나 1998년 행려자의 방화로 지붕 및 내부가 소실되었으며, 2000년 복원공사로 완공·축성되었다.

현재 약현성당은 박해시대 때 처형장이었던 서소문 밖 네거리를 내려다 보는 약현의 가파른 언덕에 위치하고 있다. '서소문'은 조선시대의 여러 성문 중 동남쪽에 있던 광희문(光熙門)과 더불어 시체 운반이 허용된 곳이었다. 조선 초부터 이 '서소문 밖 네거리'에 행형장을 두고, 죄

1. 신축 당시의 약현성당
2. 약현성당 측면

인의 시체를 내다 버리거나 죄인을 끌고 가 처형하였다. 이곳은 만초천 변의 저습한 하천부지로 취락이 들어서지 않아 형장으로 적합하였는데, 17세기 말부터 주변 구릉지에 취락이 들어서면서 신전(新㕓)이 설립되었으나 행형장은 그대로 유지되었다. 도성 밖 왕래인파가 많은 장터는 공개적으로 반역행위, 범죄에 대한 경고와 예방의 효과를 기할 수 있었기 때문이었다.

19세기에 여기서 처형된 사람들은 개항기 이전까지는 대부분이 천주교 신자들이었으며, 당고개와 새남터에서 참수된 시신까지 이곳에 옮겨와 전시되었다. 일제강점기의 가로망 정비와 경의선 철로 부설, 의주로의 확장으로 행형장의 흔적은 지워지고, 아현고가도로와 고층 빌딩들이 주변을 둘러싸면서 접근이 어려운 버려진 땅이 되었다. 1977년에 서소문공원이 조성되었고, 공원의 한 모퉁이, 정확한 위치는 아니지만 가까운 지점으로 추정되는 곳에 순교자 현양비를 세웠으나(1984년), 1997년 지하 주차장이 설치되고 공원을 재단장하면서 철거되었다. 다만 1999년 현재의 순교자 현양탑이 세워져 이 일대가 100명이 넘는 천주교 신자가 순교하였고, 한국에서 가장 많은 44위의 성인과 25위의 하느님의 종을 탄생시킨 국내 최고의 순교지임을 알리고 있다.

약현성당은 남대문 쪽을 향하여 동측에 출입구 정면을 둔 삼랑식 평면구성을 하고 있으며, 신랑(nave)과 측랑의 구별은 열주의 아케이드

서소문 순교자 현양탑

약현성당 내부

에 의해 내부에서는 뚜렷하나 외부에서는 낮은 단층지붕으로 나타나지 않는다. 길이 31m, 폭 12m, 넓이 333.7m²(연면적 382.3㎡), 처마 높이 5.3m, 종탑 높이 25.9m이며, 바닥은 목조 마루다.

신랑의 천장은 리브가 있는 뾰족 베럴 볼트(pointed barrel vault)에 회반죽으로 마감하였고, 측랑은 결원아치형 베럴 볼트에 회반죽 마감이다. 트러스 골조 없이 목조 횡단 아치보가 바로 종방향 도리를 받쳐 외관에서 보는 이미지보다 훨씬 높고 장엄한 공간을 연출한다. 내부벽면 구성은 단층으로 트리포리움(triforium)이나 광창(clearstory)의 구성은 없다. 신랑의 폭에 비해 천장이 높고(1:1.6) 뾰죽하여 고딕적인 공간을 연출하고 있다. 창의 형태는 반원형이나 멀리언(mullion)으로 잘린 창의 반절에서 각기 뾰족 아치(pointed arch)를 이루어 고딕의 맛을 내고 있다. 종탑은 출입구 정면 중앙에 있으며, 꼭데기는 하부의 4각에서 8각으로 꺾인 도머(dormer)창을 가진 급경사의 브로치형 첨탑(broach spire)으로 되어 있다.

약현성당은 고딕적 요소가 극히 적은 단순한 로마네스크 양식의 벽돌조 성당이지만 벽돌의 자작생산과 최초의 서양식 성당이란 점, 삼랑식 공간과 목조 볼트 구조를 최초로 보여주었다는 점에서 역사적 가치가 크다.

용산신학교와 예수성심성당

Yongsan theological school and Sacred Heart of Jesus Catholic church

서울특별시 용산구 원효로 19길 49(원효로4가)

사적 255호

현재 성심기념관과 성심여고의 부속성당으로 사용되고 있는 건물은 원래 신학교와 신학교 부속성당으로 지어진 건물이다. 1885년 원주 부엉골에서 개교한 예수성심신학교(현 가톨릭대학교 신학부의 전신)가 1887년 용산 원효로에 이전한 후 신학교 교사동은 1892년, 예수성심성당(신학교 부속성당)은 1902년에 세워졌으며, 두 건물 모두 프랑스인 코스트 신부가 설계·감독했다. 이 성당 출입구 안쪽 상부에 있는 명문(銘文)에는 김대건 신부의 이니셜 A. K. 및 그의 생존기간(1821~46)이 로마자로 표기되어 있다.

용산신학교는 벽돌조 조지안(Georgian) 양식의 반지하 1층·지상 2층의 벽돌건물로서 한국 최초의 신학교 건물이며, 중앙에 현관과 지하층 출입구를 두고 좌우에 1층 현관에 이르는 계단을 설치했다. 오늘날의 용산신학교는 학교가 혜화동으로 이전하여 성모병원 분원으로 사용하다가, 성심회에서 성심기념관으로 사용하고 있다. 본래의 건물 일부에 증축이 이루어졌으나 최근 원래의 모습으로 복원되었다.

신학교 부속성당인 예수성심성당은 언덕을 이용하여 지었기 때문에, 남쪽 언덕 아래는 3층이고 수녀원쪽은 2층이 된다. 주로 이용하는 출입구가 중앙이 아니라 한쪽으로 치우쳐 있어 비대칭의 모습을 이루었다. 건물의 내부는 제단과 예배석만 있는 단순한 강당 형식(hall church)이지만, 뾰족 아치로 된 창문이나 지붕 위의 작은 뾰족탑은 전체적으로 약식화된 고딕풍의 모습을 이루고 있다.

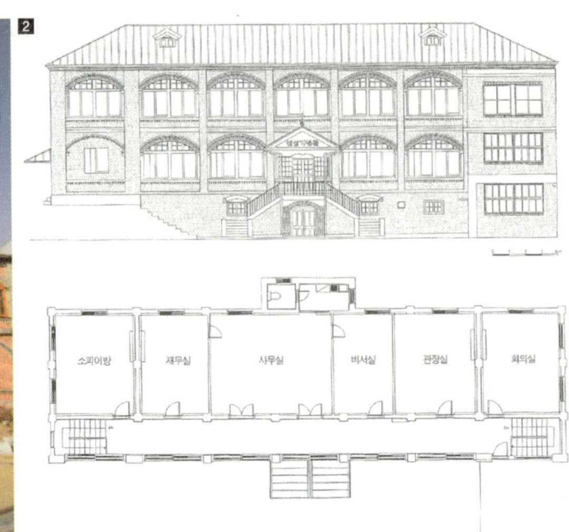

1. 구 용산신학교(현 성심기념관)
2. 용산신학교 평면도 및 입면도

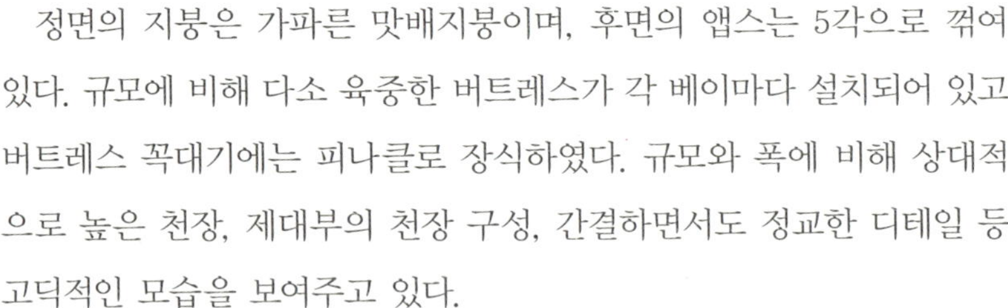

용산신학교와 예수성심성당
(1900년대)(위)
용산신학교 엣모습(아래)

이 성당은 신학교 부속 성당(chapel)이기 때문에 일반 교구 성당과는 평면형식이 다르다. 정면입구에 배랑(narthex)이 없으며, 출입구는 제대 쪽 양 측면에 나 있고 제의실이 제대 반대측 입구에 설치되어 있다. 신자석 바닥도 원래는 제대를 향해서가 아니라 중앙축을 향해 좌우에서 아레나(arena) 형식으로 단을 지어 내렸다. 지금은 평평한 마룻바닥으로 바뀌었고, 제의실은 벽을 터서 신자석으로 쓰이고 있다. 대신 한동안 제의실이 좌측 외부에 부가되어 복도로 연결되었으나, 보수·복원 공사를 통해 철거되고 1층방(과거 신부방)을 제의실로 사용하고 있다.

정면의 지붕은 가파른 맛배지붕이며, 후면의 앱스는 5각으로 꺾여 있다. 규모에 비해 다소 육중한 버트레스가 각 베이마다 설치되어 있고 버트레스 꼭대기에는 피나클로 장식하였다. 규모와 폭에 비해 상대적으로 높은 천장, 제대부의 천장 구성, 간결하면서도 정교한 디테일 등 고딕적인 모습을 보여주고 있다.

예수성심성당 좌우 측면

예수성심성당 내부(제대쪽)

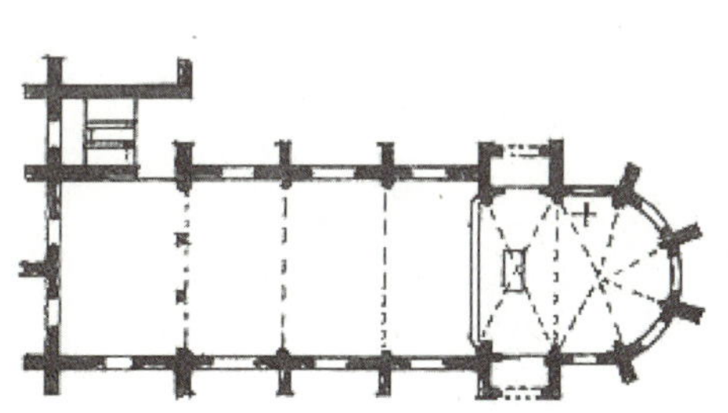

예수성심성당 평면도 및 입면도

대구 계산동성당
Gyesan-dong Catholic Cathedral in Daegu

한강 이남에서는 가장 오래된 성당으로 로마네스크 양식의 벽돌조 건물이다. 정면에 고딕식 첨탑을 올린 두 개의 종탑과 긴 라틴 십자형 공간이 특징이다. 대구지방의 가톨릭의 구심점이다. 희랍 십자형(Greek cross) 평면의 옛 한옥성당(1899년 건축, 1900년 소실)이 화재로 소실된 후 그 자리에 프랑스인 로베르(Robert, Achille Paul, 金保祿) 신부의 설계·감독으로 1902년 완공되었다. 1911년 대구교구 설정으로 주교좌 성당으로 승격되고, 교우수가 증가하자 성당 뒤쪽과 좌우 익랑을 확장하고, 종탑을 2배로 높혔다.

평면은 라틴 크로스의 삼랑식으로 7개의 회중석 베이, 좌우 복열의 익랑을 갖는 3베이의 교차부 및 1개의 성단(sanctuary) 베이와 반원 보회랑 후진으로 구성되고, 5각 앱스를 덧달아 제의실로 쓰고 있다. 후진 상부벽에는 스테인드글라스창과 루르드의 성모동굴이 설치되어 있다. 1918년 증축시 건물의 폭과 높이는 그대로 두고 길이방향으로만 늘였기 때문에 매우 낮고 긴 공간을 이루고 있다.

전체 성당은 화강석 기초 위에 적벽돌과 회색벽돌의 조적으로서 회색 이형 벽돌의 사용은 플랫 버트레스(flat buttress)와 정면 출입구의 아키볼트(archivolt) 및 창둘레, 처마 코니스(cornice), 그리고 내부 열주와 천장 리브에 집중하고 있다. 좌우 측면에는 플랫 버트레스가 등간격으로 벽을 지지하고, 사이사이에 반원형 아치를 둘린 창이 있으며 6번째 베이에는 반원 아치의 출입구가 돌출해 있다. 특히 정면 중앙부의 박공

1. 옛 계산동성당과 사제관
(좌측 건물)
2. 1920년대의 계산동성당 모습

부분에는 크고 화려한 장미창이 있고, 좌우 익랑의 박공부분에도 조금 작은 장미창이 있다.

신랑의 폭은 측랑의 2배이며, 천장은 신랑이 리브가 있는 뾰죽 베렐 볼트이고, 측랑은 리브가 있는 반원형 베렐 볼트다. 내부 벽면은 단층 구성으로 트리포리움과 광창의 구성은 없다. 국내 성당 중 라틴 십자형의 형태가 외관 및 내부 공간에서 가장 뚜렷이 구현된 건물이다.

1. 제단벽과 스테인드글라스창
2. 계산동성당 측면

1. 대구 계산동성당 내부
2. 대구 계산동성당 후면

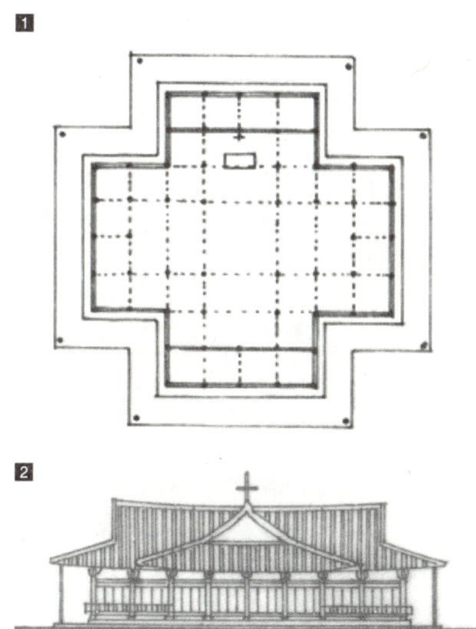

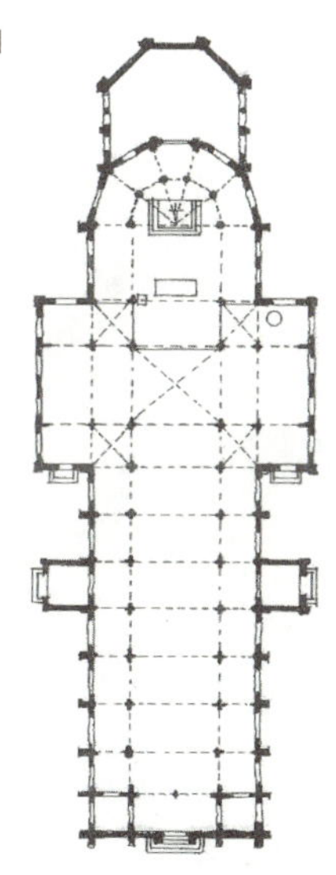

1. 옛 계산동성당 추정 평면도
2. 옛 계산동성당 추정 입면도
3. 계산동성당 평면도

전북 익산시 망성면 화산리에는 화산(華山)이 있는데, 산이 너무 아름다워 우암 송시열이 붙여준 이름이다. 이 산의 줄기가 끝나는 지점에 넓은 바위가 있는데 이를 '나바위'라고 한다. 오늘날 화산 위에 자리 잡고 있어 화산성당이라고도 불리는 나바위성당은 이 너른 바위 이름에서 따온 것이다. 나바위성당은 김대건 신부 일행이 한국 땅을 밟은 것을 기념하기 위해 베르모렐(Vermorel, 張若瑟, 1860~1937, 요셉) 신부가 1897년에 설립해 1906년에 성당 건물을 완공하였다. 화산 정상의 김대건 신부 순교비는 김대건 신부 순교 100주년에 세워졌다.

나바위성당은 남녀석을 구분해 가운데 칸막이가 설치된 목조 한식 성당으로 한국 전통양식과 서양양식이 합쳐진 점에서 주목할 만하며, 전례와 교회건축의 토착화의 좋은 사례인 동시에 최초 사제인 김대건 신부의 서품과 귀국을 기념하는 장소이기도 하다. 신축 당시는 정남북을 종축으로 한 정면 5칸, 측면 13칸의 장방형 평면으로 좌우 툇간 중 8칸씩과 정면 툇간은 툇마루이고, 뒷 툇간은 제의실이며 내진부분의 좌우 3칸은 익랑으로 T자형을 이루고 있다. 정면 용마루 부분에 작은 종탑이 솟아 있으며, 사방 지붕 아래 8각 광창을 두었다.

내부 공간은 중앙 열주에 의해 양분된다. 남녀석을 구분하기 위해 기둥 사이는 칸막이가 있었으며, 제대가 있는 부분에서는 중앙 열주를 멈추어 시각을 확보하였다. 이 지점에 양 기둥 사이에 영광의 아치를 설치하여 성단과 회중석 공간을 분절시켜 주고 있다. 완전한 중층

1. 축성 당시 모습
2. 나바위성당 후면

구조는 아니지만 낮은 툇간의 부섭지붕에 의해 광창의 설치가 가능하고 종축성이 강조된 점 등이 되재성당(1894)보다는 한 단계 발전된 형태다. 특히 남녀 구분의 내부 공간 구성은 유교문화의 바탕 위에 가톨릭을 수용한 한국 천주교회의 특성을 잘 반영하고 있다.

성당 뒤편 화산 언덕과 언덕 위의 김대건 신부 순교기념비, '망금정'에서 내려다보이는 금강 황산포, 전국에서 최초로 신사참배 거부사태를 일으킨, 성당에서 운영한 '계명학교' 등 역사성과 장소성, 그리고 경관적 가치가 높다. 1906년 신축 후 1916년 벽돌조 종탑 증축 및 외벽을 벽돌 조적벽으로 변경하였고, 1922년 회랑 보수, 1980년대 이후 6차례 이상 보수 및 주변 증축공사가 있었다.

1. 나바위성당 제대
2. 나바위성당 종탑

1. 나바위성당 내부(축성 당시)
2. 나바위성당 내부(현재)

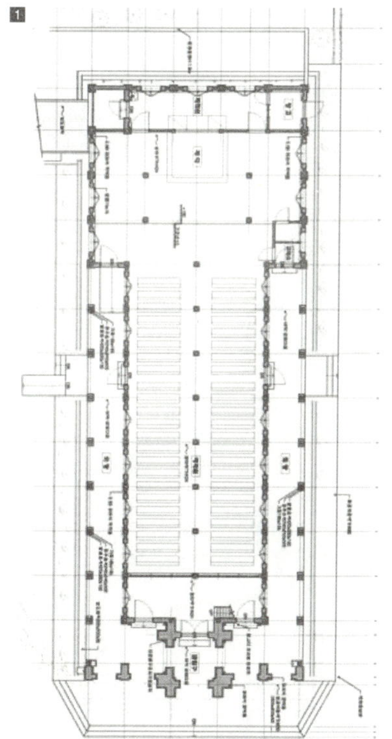

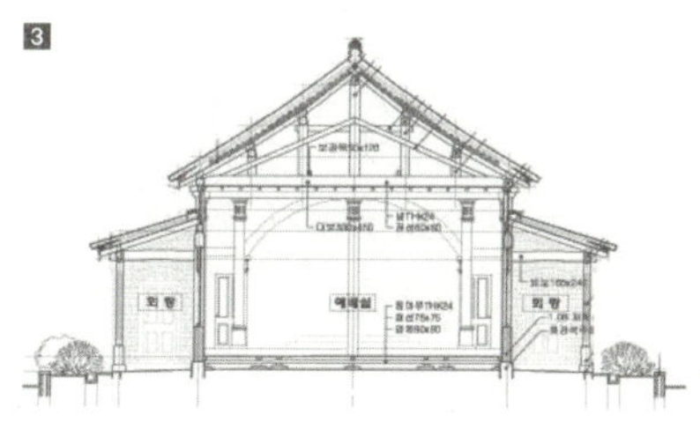

1. 나바위성당 평면도
2. 나바위성당 배치도
3. 나바위성당 단면도

전동성당

Jeon-dong Catholic Church in Jeonju

전라북도 전주시 완산구 전동 200-1
사적 288호

전동성당 자리는 한국 천주교회사적으로 출중한 순교자를 낳은 순교지 가운데 한 곳이다. 특히 한국 교회 최초의 순교자인 윤지충과 권상연은 신해박해 때인 1791년 전주 남문 밖(현 전동 본당 자리)에서 관장의 배교 권유와 회유를 단호히 거부하고 당당히 천주교가 진리의 종교임을 밝히면서 처형되었다. 신유박해 때는 전라도에 처음 복음을 전파한 하느님의 종 유항검과 그의 아우 유관검, 윤지헌, 김유산, 이우집 등의 교우가 참수형을 당하였다.

전동성당은 박해시대 천주교 신자들을 사형했던 풍남문 밖에 지어졌다. 회색과 붉은색 벽돌을 이용해 비잔틴 양식과 로마네스크 양식을 혼합한 건물로, 국내에서 가장 아름다운 교회건축물로 꼽힌다. 내부 열주는 석주이고, 주랑의 벽면은 3단 구성이며, 주랑의 천장은 리브가 있는 반원형 볼트이고 측랑은 교차 리브 볼트다.

1889년 봄, 경상도 지역에서 사목하던 보두네(Baudounet, 尹沙勿, 1859-1915, 프란치스코 하비에르) 신부가 전주로 부임하였으나 당시 전주에는 감영이 있을 뿐만 아니라, 전주부 중에 신자가 한 명도 없어 배경집 베드로 회장의 안내로 우선 완주군 소양면 대성동(일명 대승리)에 정착하여 전주 이외의 북쪽 지역을 관할하였다. 이것이 전주 본당, 즉 지금의 전동 본당의 시작이었다. 1891년 전주 남문 밖 현재의 자리에 본당의 터전을 마련하고, 전교를 시작하여 호남의 모태 본당이 되었다.

전동성당은 명동성당의 내부 공사에서 경험을 쌓았던 프와넬(Poisnel,

전동성당 내부

전동성당 측면

朴道行) 신부의 설계로 1908년 보두네 신부가 성당건축을 시작하여 7년 만인 1914년에야 우여곡절 끝에 외형 공사를 마무리하였다. 중국인 벽돌공이 동원되었으며, 황등산 화강석과 전주성을 헐은 흙을 운반하여 사용하였으며, 주춧돌은 전주부의 허가를 얻어 남문 밖 성벽의 돌을 가져다 썼다. 1947년 중앙 본당이 설립되기 이전까지 전주교구의 주교좌 성당이었으며, 1988년 화재사건으로 천장과 지붕골조가 훼손되었으나 이를 계기로 대대적인 복원사업이 이루어졌다.

건물 폭 16.4m, 길이 49m, 면적 567.6㎡의 장방형이며 열주의 아케이드와 천장에 의해 신랑과 측랑의 구별이 뚜렷하다. 주현관은 북쪽 정면의 배랑에 위치하며, 아키볼트로 장식되어 있고 상부에 종탑부가 구성되어 있다. 종탑에는 12개의 창을 둘린 12각의 드럼(drum) 위에 12

전동성당 내부 스테인드글라스

각의 총화형 돔을 얹었다. 정면 종탑부의 구성은 그 의장적인 처리가 뛰어나며, 적색과 회색의 이형 벽돌의 조각적인 사용으로 다양한 디테일을 이루고 있다.

둔중한 버트레스와 벽면 처리, 반원 아치 등 로마네스크 양식을 잘 나타내고 있다. 성당의 내부는 신랑과 좌우 단열의 측랑으로 구성된 7개의 회중석 베이와 1개의 성단 베이 및 5각의 반원 보회랑 후진으로 구성되고, 그 뒤로 5각 앱스를 더 달아내어 제의실로 쓰고 있다. 신랑의 폭은 측랑의 2배이며 천장은 신랑은 리브가 있는 반원 베렐 볼트이고, 측랑은 교차 리브 볼트로 되어 있다. 내부 열주는 8각 석조 기둥이나 그 위에 얹힌 반원 아치 등이 수직방향성을 반감시키고 있으며, 제대 주위로 따라 돌아가는 트리포리움과 원형 광창의 채광 등이 내부 공간을 밝고 온화하게 해주고 있다. 내부 신랑의 벽면은 명동성당과 같이 아케이드와 트리포리움, 클리어스토리 등 3단 구성을 하고 있다.

전체적으로 종탑부의 돔이나 부주두를 가진 석조 기둥 등 비잔틴 요소를 혼합한 로마네스크 양식의 성당이라 할 수 있다. 외관과 세부 기법, 내부 공간의 인간적인 스케일감 등 어떤 면에서는 계산동성당과 명동성당을 능가하는 건물이라 생각된다.

구내에는 전라북도 문화재자료 제178호로 지정된 전동성당 사제관이 있다. 이 건물은 1926년에 건축되어 1937년 전주교구청사와 교구장 숙소로 사용되었으며, 1960년 이후부터는 주임신부와 보좌신부의 생활공간으로 쓰이고 있다. 좌우대칭의 3층 건물로, 건물 중앙에는 2층 현관으로 연결되는 주 출입구가 있으며 1층의 출입구는 건물의 남쪽에 별도로 설치되어 있다. 르네상스 양식을 바탕으로 로마네스크 양식을 가미한 절충식 건물이다.

1. 전동성당 후측면
2. 전동성당 사제관

전동성당 종탑

답동성당

인천광역시 중구 우현로
50번길 2
사적 287호

답동성당 좌측면

인천시의 중심부인 답동 낮은 언덕의 정상부에 위치한 답동성당은
1896년에 건축한 옛 성당을 그대로 둔 채 외곽을 확장, 개축하여 1937
년에 준공한 건물이다. 파리 외방전교회 소속의 죠셉 브리엠 신부가
초대 본당 신부로 부임하면서 설립된 답동성당은 기와한옥을 임시성
당으로 사용하다가 코스트 신부의 설계로 첫 성당이 건축되었는데 규
모에서나 세부적인 면에서도 약현성당과 비슷한 준 고딕 양식의 벽돌
조 성당이었다.

현재의 두 번째 성당은 혜화동 성당의 초대 신부였던 시잘레(Chizallet)
신부가 설계하였다. 바닥면적은 722.04㎡로 명동성당 다음으로 규모
가 큰 성당이다. 정면에 3개의 종탑을 갖고 있는 로마네스크 양식의 성
당으로 이전의 양식 성당과 달리 벽돌과 돌을 혼합하였으며, 내부 열
주와 2층 바닥을 콘크리트로 하는 등 순수 조적조가 아닌 철근콘크리
트 구조와 벽돌조를 혼용하였다.

정면 3개의 종탑은 같은 로마네스크 양식의 전동성당(1914)과 비슷하
나 중앙 종탑에 비해 양 모서리의 탑은 왜소하며 8각 튜렛(turret)에 총
화형 돔을 얹었다. 중앙 종탑부에도 8각형의 총화형 돔을 얹었다. 정
면의 징두리 벽은 화강석인데 상부는 적벽돌로 조적되어 있고, 버트레
스와 박공부의 두겁돌 및 코니스, 출입구의 문설주와 아키볼트는 화
강석의 몰딩으로 되어 있다. 창의 형태는 모두 반원형 아치이며, 아치
부와 창대만 돌로 되어 있다. 종래의 성당건축에서 흔히 볼 수 있었던

회색 이형 벽돌에 의한 정교한 장식이 석재의 몰딩으로 대체되면서 단순화되고 곡면화되었다.

평면구성은 삼랑식 라틴 십자형으로, 1개 베이의 배랑과 8개 베이의 회중석 베이, 1개의 성단 베이 및 7각으로 꺾인 앱스(apse)와 그 뒤로 연결되는 제의 및 성구실로 되어 있다. 배랑의 베이는 약간 좁으며, 중앙의 좌우 포치는 벽으로 막혀 있다. 신랑과 측랑의 폭은 2:1이며 세장한 콘크리트 원형 기둥의 열주에 의해 뚜렷이 구분된다. 열주 사이는 원형 아치로 연결되고, 열주와 외벽의 반원형 편개주 사이는 리브 없이 외벽 전체와 반원형 볼트로 연결됨으로써, 반은 그로인 볼트, 반은 베렐 볼트의 특이한 천장의 형태로 되어 있다. 신랑의 천장은 반원형 베렐 볼트이고, 제대부의 천장은 리브 있는 8각 포인티드 돔으로 되어 있다.

내벽은 모르타르 위 수성도장인데 앱스 부분은 진한 청색이며, 나머지는 미색이다. 바닥은 원래 목조마루였으나 1973년 내부 수리공사시 콘크리트 위 인조석 물갈기로 바뀌었다. 벽체는 트리포리움이나 클리어스토리가 없는 단층 구성이며 창에는 문양화된 현대 스테인드글라스가 끼워져 있다. 벽체의 각 베이마다 돌출한 편개주는 반원형의 철근콘크리트로 그 위에 14처 상본이 걸려 있다.

답동성당 내부. 콘크리트 열주에 의해 뚜렷한 삼랑식 공간을
구성하고 있다.

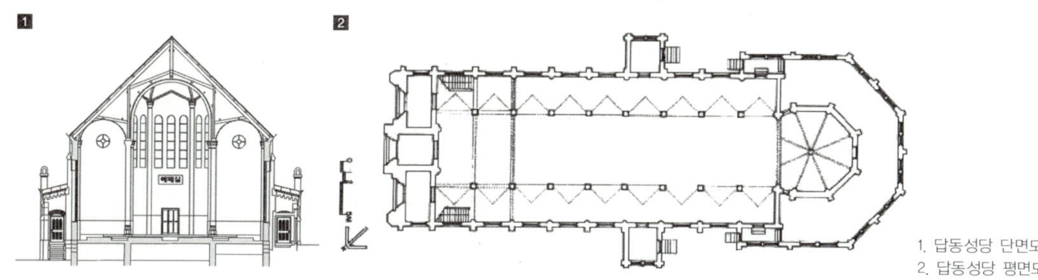

1. 답동성당 단면도
2. 답동성당 평면도

양화나루 잠두봉 유적과 절두산성당

Remains of Jamdubong, Yanghwanaru Ferry, and Jeoldusan Martyr's Shrine

강변북로와 양화대교가 만나는 한강변에 위치한 양화진·잠두봉 일대는 잘 알려진 절두산 순교성지 외에도 여러 가지 역사적 의미를 지닌 장소다. 양화(楊花, 버들꽃)나루란 이름은 인근 강변에 갯버들이 많았기 때문에 붙여진 이름이며, 동쪽 20m 높이의 암벽 잠두봉은 그 생김새가 누에머리(蠶頭)를 닮았다고 하여 붙여진 이름이다.

이곳은 조선시대 흉년에 관(官)이 곤궁한 백성들을 도와주던 진휼(賑恤)의 장소였으며, 서울에서 양천·김포를 거쳐 강화에 이르는 중요한 통로이자 삼남지방의 조운선(漕運船)과 한강유역의 각종 어선들이 모여드는 관문이었다. 그리고 구한말에는 청·일·서구 열강에 의해 개항장으로 지목된 교통·상업·무역의 요충지였다. 또한 한강을 거슬러 올라오던 외세의 침략을 막기 위한 방어진지가 구축된 군사거점이기도 하였으며 병선의 훈련장이었다. 주변 경관이 빼어나 명나라 사신뿐만 아니라 조선의 고관 사대부들이 별장을 지어놓고 풍류를 즐기던 이름난 관광지이기도 하였다.

이처럼 아름답던 이곳이 천주교 순교자들의 피로 얼룩지게 된 것은 병인박해(1866년) 때문이었다. 두 차례의 병인양요가 프랑스 측의 실패로 끝나면서 천주교에 대한 박해는 더욱 가열되어 1867년과 1868년 초까지 도처에서 천주교 신자들이 체포되거나 순교하였다. 이곳에서 순교한 천주교 신자는 참형을 먼저 행하고 후에 보고하는 '선참후계령(先斬後啓令)'으로 마구잡이로 끌려가 처형당했기 때문에 그 숫자를 알

수 없지만 기록이 남아 있는 29명을 비롯해 수백 명에 이르렀을 것으로 추정된다.

이때부터 이곳은 양화나루나 잠두봉 등 아름다운 이름으로 불려질 수 없게 되었다. 그래서 붙여진 이름이 절두산(切頭山)이다. 1956년부터 천주교회에서는 이곳 산봉우리의 땅을 매입하면서, 절두산 성지로 부르기 시작하고 순교기념탑을 건립하였으며, 1966년 병인순교 100주년

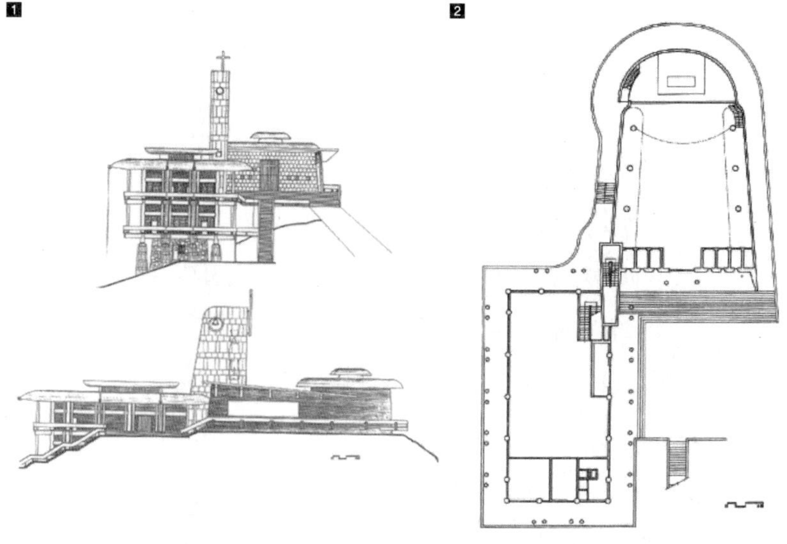

1. 절두산성당 입면도
2. 절두산성당 평면도

을 기념하여 잠두봉을 중심으로 성당 및 기념관(천주교순교박물관)을 건립
하고, 주변 지역을 공원으로 조성하였다. 강변도로와 지하차도, 인근
지역의 개발로 주변 환경이 급격히 훼손되자 당국에서는 1997년 이 일
대를 사적(사적 제399호)으로 지정하여 보호·정비하였다.

성당이 위치한 곳은 절두산의 꼭데기인데 3면이 절벽인 가파른 언덕
으로 성지(聖地)의 원상을 그대로 보존하면서 다목적의 기념관을 짓는
다는 것이 보통 어려운 일이 아니었다. 그러나 이러한 어려움를 극복하
고 대지의 조건을 잘 이용하여 순교자 기념관으로 손색이 없는 훌륭한
건물이 설계·시공되었다. 건축가 이희태가 설계하고, 공영건업주식회
사에서 시공하여 1967년 준공되었다. 종탑의 순교자상, 대리석 제대,
십자고상, 성체감실은 김세중의 작품이고, 박물관의 모자이크는 윤명
로의 작품이며, 병인순교 유화는 정창섭의 작품이다.

성당의 평면은 포물선 형태인데, 이 포물선 형태는 건축적, 종교적
의미를 가지고 있다. 종교적으로는 초점인 제단에서의 성찬이나 말씀

이 반사되어 외부 세계로 퍼져나가는 모든 인간에게 전해지는 그런 이미지를 나타내며, 건축적으로는 시선의 초점을 제단쪽으로 더욱 강조하는 시각적 심리학적 측면과 음향학적 측면의 고려라 하겠다.

구조는 철근콘크리트 구조로서 한옥의 지붕형태와 처마곡선을 노출콘크리트로 번안하였으며, 주랑, 주초, 토수구, 공포 등의 고건축의 장 요소를 첨가하여 토착적 분위기를 추구하였다. 절두산의 지세와 잘 조화되는 크기와 형태, 전통건축의 현대적 표현 등으로 1960년대 성당건축뿐만 아니라 한국 현대건축의 가장 아름다운 대표적 건물로 평가받고 있다. 성당의 지하 경당에는 28위의 순교성인의 유해가 모셔져 있으며, 박물관 안에는 김대건 신부 친필서한집, 한불조약문서 등 교회사관련 자료와 이벽, 이가환, 정약용 등 천주교와 관련된 조선시대 후기 학자들의 유물, 유품들을 전시·보관하고 있고, 광장 안에는 김대건, 남종삼의 동상과 사적비, 순교자기념탑, 십자가의 길, 성모동굴 등 유명 작가의 성미술품과 역사적 유물들이 있다.

양화진 외국인 선교사 묘지공원도 인접하여 있는 이곳은 조선시대 후기 역사의 흐름과 함께 근대사의 많은 흔적을 엿볼 수 있다. 교회사뿐 아니라 문화사적으로도 중요한 의미가 있는 곳이다.

절두산성지 건립 초기의
절두산순교기념관 내부

절두산성당 내부 제단

한강 둔치에서 본 잠두봉과 절두산 성지

되재성당지와 공소

되재성당은 1895년 한국 천주교회에서 서울 약현성당에 이어 두 번째로 완공된 성당으로 한강 이남에서는 처음 세워진 성당이며, 최초의 한옥성당으로 추정하고 있다. 그러나 한국전쟁 때 성당건물이 전소되었고 그 자리에는 1954년에 다시 세운 공소건물이 자리하고 있었는데 문화재로 지정되고 난 후 현재의 모습으로 복원되었다.

험준한 되재를 넘어 은폐된 골짜기의 유서깊은 교우촌에 본당이 설립된 것은 1894년 봄이었다. 초대 비에모 신부는 본당을 설립하자마자 프랑스은행으로부터 대부받아 건축공사를 시작하여 1895년에 완공하였다. 주요자재는 논산군 은진면에 위치한 쌍계사의 절을 헐어 사용하였다 한다. 본당은 1942년 공소로 전락되었으며, 6.25전란 때 한옥건물은 소실되었으며, 현재 고산읍에 위치한 고산 본당의 공소로서 지금의 건물은 2009년도에 복원한 것이다.

담으로 둘러싸인 일곽(一廓)의 중앙에 성당이 배치되었는데 출입구 대문을 향해 동남향 종축으로 배치되고 사제관이 그와 평행하여 좌측에 배치되었다. 성당건물은 팔작기와지붕의 단층인데 평면은 장방형으로 정면 횡간이 보간으로서 좌우 툇간 1칸씩을 합쳐 5칸이며, 측면 종간은 도리간으로 앞뒤 툇간을 합쳐 10칸이다. 앞과 좌우의 툇간은 외부 툇마루이고, 뒤 툇간은 제의실로 쓰여 성당 내부 공간은 3칸×8칸의 이랑식이다. 내부 신자석은 중앙 열주와 칸벽에 의해 남녀석이 뚜렷이 구분되며, 성단에서는 중앙 열주가 삭제되어 하나의 공간이 되어 제

1. 옛 되재성당 전경
(출처: 교회사연구소)
2. 현재의 되재성당 내부
(사진:주호식)

대에의 시각을 확보할 수 있다. 바닥은 마루이며 천장은 서까래와 가구가 노출된 연등천장이다. 정면 중앙에 1칸의 종루가 붙어 있고(복원시 한쪽으로 치우치게 잘못 복원하였다) 종루 꼭대기에 십자가가 있다.

전통한옥의 종간과 횡간을 바꾸어 간의 연속적 확장이 가능한 도리간을 종축으로 구성함으로써 깊숙한 평면구성이 가능하였다. 특이한 점은 좌우 툇마루가 연속되지 않고 한 칸 씩 건너 설치되고 툇마루마다 출입구가 설치되어 있다. 이는 벽체의 개념이 서양과 달리 내·

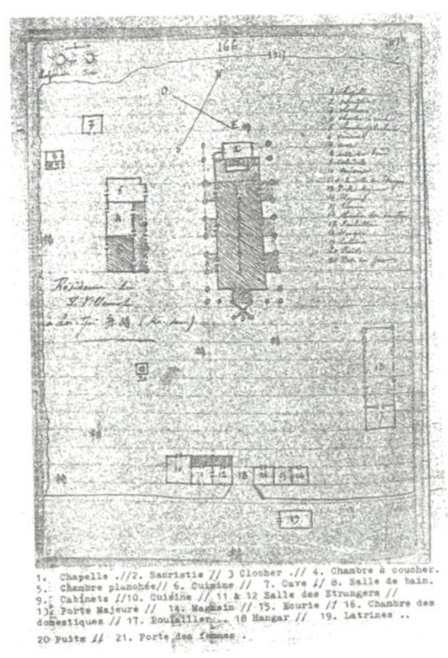

옛 되재성당 배치도
(뮈텔 주교의 일기)

1. Chapelle .//2. Sacristie // 3 Clocher .// 4. Chambre à coucher.
5. Chambre planchée// 6. Cuisine // 7. Cave // 8. Salle de bain.
9. Cabinets //10. Cuisine // 11 & 12 Salle des Etrangers //
13. Porte Majeure // 14. Magasin //15. Ecurie // 16. Chambre des domestiques // 17. Poulailler .. 18 Hangar // 19. Latrines ..
20 Puits // 21. Porte des femmes .

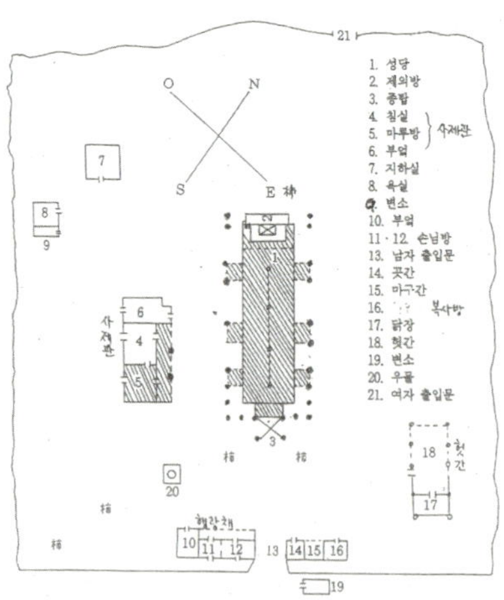

외부 공간의 구분(격리)이 아니라 연결에 있었던 전통적인 사고와 많은
사람이 동시에 신을 벗고 출입하여야 하는 기능상의 문제해결이라 보
인다.

　전북지역에는 적지 않은 한옥 성당이 남아 있다. 모두 유서 깊은 교
우촌으로 기존의 한옥(주로 사제관으로 사용하였던 집)을 개조하거나 자재를
재사용하여 새로이 건축하기도 하였다.

1. 김제 수류성당(1907, 한국전쟁
　시 소실)
2. 정읍 신성 공소(1909, 전북문
　화재자료 180호)
3. 장수 수분 공소(1913, 등록문
　화재 189호)
4. 수분 공소 내부
5. 진안 어은 공소(1924, 등록문
　화재 189호)
6. 어은 공소 내부

풍수원성당은 박해시대에 형성된 유서 깊은 교우촌에 지어진, 강원도 최초의 성당이자 최초의 서양식 벽돌건물이다. 또한 국내에서 일곱 번째로 지어진 로마네스크 양식의 성당이며 한국인 신부가 지은 최초의 성당이다. 1888년 설립된 풍수원 본당의 기틀을 잡고 발전시켰던 2대 정규하 신부는 1905년 중국인들을 고용하여 2년 만인 1907년 그간 사용하던 20여 칸의 초가성당을 대신할 120평의 벽돌조 양식 성당을 신축하여 1910년 11월 뮈텔 주교의 주례로 성당 봉헌식을 거행하고, '예수성심'을 본당 주보로 정하였다. 이어 1912년에는 성당 뒷편에 벽돌조 구 사제관을 신축하였다. 구 사제관은 원형이 잘 남아 있는 벽돌조 사제관 가운데 우리나라에서 가장 오래된 건물로 현재는 유물전시관으로 사용하고 있다.

　풍수원성당은 형태, 규모, 평면구성이 약현성당(1892)과 거의 같다. 즉, 삼랑식에 7개의 회중석 베이와 한 개의 성단 베이, 3각의 돌출 앱스, 그리고 정면 중앙 종탑 등 구성이 같고 규모도 거의 비슷하다. 다른 점은 종탑이 약현성당의 경우 3층에 뾰족한 첨탑을 올렸는데 비해 풍수원성당은 4층에 완만한 첨탑을 올린 점이며, 약현성당의 경우 트러스 지붕틀 구성 없이 뾰족한 목조 아치가 지붕도리를 바로 받치고 있는데 비해 풍수원성당은 반원형 아치 위에 초기형 트러스(평보 위에 대공이 있고 빗대공이 없는)가 놓여 약현성당이 보다 천장이 높고 고딕적인 공간형태를 구성하고 있다는 점이다. 즉, 구조개념뿐만 아니라 의장적인 측면에

서도 약현성당이 풍수원성당보다 고딕 양식에 가깝다. 따라서 풍수원
성당은 로마네스크 양식의 천주교 성당건축의 모델이라 할 수 있다.

바닥은 마루이며 내부 열주는 목주에다 벽돌조적같이 도장을 하였
으며, 신랑의 천장은 반원형 베럴 볼트인데 측랑은 리브가 붙은 결원
아치의 베럴 볼트다. 각 베이마다 돌출된 버트레스와 개구부 테두리는
회색벽돌로 되어 있으며, 창은 장방형이나 세그멘털 아치(segmental arch)
의 테두리 장식이 있다.

1. 풍수원성당 조감사진
2. 풍수원성당 정면

1. 풍수원성당 후면
2. 풍수원성당 우측면

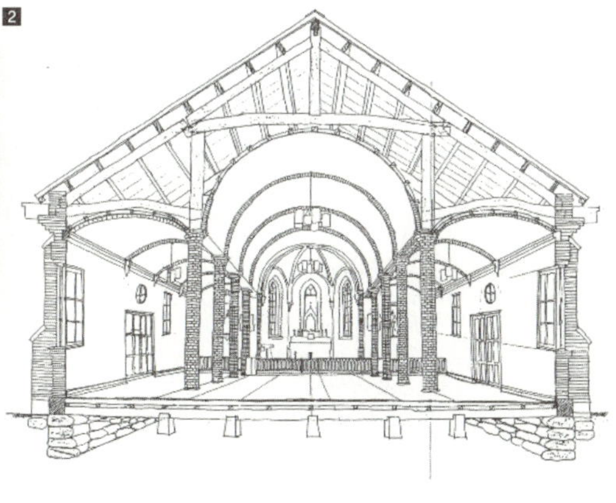

1. 풍수원성당 사제관
2. 풍수원성당 단면
   내부 투시도
   (출처: 『강원도 지정문화재
   실측조사보고서』,
   풍수원성당(강원도, 1999,
   32쪽)

진안 어은 공소
Eoeun Catholic Secondary Station in Jinan

　전라북도 진안군과 장수군을 잇는 해발 1,059m의 성수산(聖壽山) 북쪽 자락 끝에 있는 어은동(魚隱洞) 마을은 1888년에 공소가 설립된 유서 깊은 교우촌이다. 물고기가 숨은 형상이라고 해서 어은동(魚隱洞)이라고 불렀는데 물고기는 로마 교회 박해 시대에 신자들이 서로를 알아보던 암호이다. 마을 이름 자체가 박해를 피해 산속으로 숨어들어와 살았던 우리네 신앙 선조들의 삶을 대변하는 듯하다. 그래선지 이 마을사람 대부분이 교우다.

　27곳의 공소가 설립될 정도로 진안지역의 신자가 늘어나자 1900년에 어은동에 본당이 설립되었다. 1901년 옛 공소집을 수리·확장하여 너와 지붕의 7칸 규모 한옥 성당을 완공하였고, 1904년 15칸의 한옥성당을 다시 신축하였으며, 1909년 3월 마침내 너와지붕 목조 49평의 새 성당을 준공하였는데 현재의 공소건물이다.

　공소 건물은 정면(도리칸) 6칸, 측면(보칸) 4칸의 장방형 평면인데 오른쪽 2칸의 일부를 제대로, 나머지는 제의방과 사제관 등으로 사용했다. 또 왼쪽 측면 좌우 1칸씩은 남녀가 따로 출입할 수 있도록 출입구로 사용하였다. 그래서 건물 내부 평면은 '아'(亞)자 형식을 이루고 있고, 가운데 기둥 사이에 칸막이로 막아 좌우 남녀석이 엄격히 구분되어 있는 것이 특징이다. 제대 뒷벽에는 목조로 된 감실과 목제 촛대가 있다. 제2차 바티칸 공의회 이전 제대를 감실 바로 밑 벽에 바짝 붙여서 설치했던 흔적이 그대로 남아 있다.

　　지붕은 여덟 팔(八)자 모양의 팔작(八作) 지붕에 너와로 이었다. 너와는 기와용으로 사용하는 얇고 넓적한 점판암이었다. 1967년 너와지붕을 가벼운 함석지붕으로 바꾸었다가 등록문화재로 등록된 후 다시 청석을 깔았다. 한국 교회건축 중에서 지붕을 천연 돌판으로 얹은 유일한 사례다.

어은 공소 전경과 정면

전북 장수군 수분리는 장수 읍내에서 남원·구례 방면으로 약 7㎞ 쯤 가면 수분재 못 미처 길 오른편으로 위치해 있다. '물 뿌랑구(물뿌리)마을'이라고 하는데 비가 많이 내리면 고갯마루를 경계로 빗물이 갈라져 한 줄기는 섬진강으로 다른 한줄기는 금강으로 흘러간다고 해서 붙여진 이름이다. 물이 많고 산수가 수려한 고지대(해발 600m)로 1866년 병인박해 이전부터 천주교 신자가 살기 시작하였고, 주변에 공소가 많았는데 그중 수분리의 교세가 가장 컸다고 한다.

수분리에 공소 건물이 세워진 것은 1913~1914년경이었다. 당시 함양 본당의 이상화(李尙華, 1876~1957) 신부와 진안 어은동 김양홍(金洋洪, 1874~1945) 신부는 두 본당의 인접 지역인 무주, 남원, 임실 등지의 공소를 방문하기 위해 서로 왕래하는 중간 지점인 장수에 역처럼 쉬어 가는 쉼터를 마련할 필요를 느꼈다. 그래서 수분리에 강당과 침실을 짓게 되었다. 1921년 개축공사를 하였으며, 1926년 본당으로 격상하였다. 한때 장수로 본당을 옮겼다가 다시 본당이 되었으며, 1950년 이후 다시 공소가 되었다.

수분리 공소는 마을에서 눈에 잘 띄는 산자락에 자리잡고 있다. 공소 건물은 정면 6칸에 측면 3칸, 5량가 목구조에 팔작지붕을 이은 한옥성당이다. 내부 공간은 합각부 쪽을 정면으로 하는 측면 진입 방식으로 4개씩의 좌우 열주에 의해 3열의 공간으로 구분되는 삼랑식(서양의 바실리카식) 평면을 이루고 있다. 제단 뒤 한 칸 반을 제의실과 고해

실로 쓰고 있으며, 사방에 출입문이 나있다. 원래는 초가지붕이었으나
1970년대 지붕을 시멘트 기와로 교체하였고, 1980년대에 다시 함석 지
붕으로 교체하였다.

수분 공소 제단

수분 공소 전경

수분 공소 평면도 및 단면도

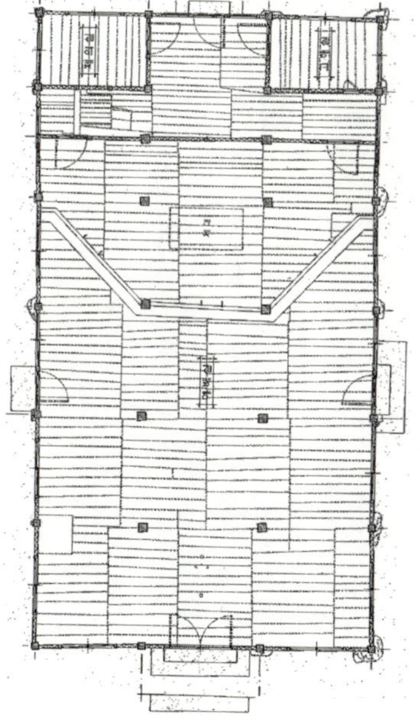

강원도에서 부엉골, 풍수원, 원주에 이어 네 번째로 설립된 용소막 본당은 1866년 병인박해 때에 수원지방에서 피난 온 몇몇 교우들에 의해 개척되었다. 처음 초가를 성당으로 사용하다가 시잘레(P. Chizallet) 신부에 의해 착공한 지 3년 만인 1915년 가을에 100평 규모의 아담한 벽돌 양옥 성당이 건립되었다. 시잘레 신부는 신자들의 도움으로 중국인 기술자들을 써서 이 건물을 지었는데 새로 지은 성당 지붕의 경사가 상당히 가파르게 된 것은 당시 건축 기술자였던 중국인이 도면대로 짓지 않고 자기 마음대로 기둥의 길이를 2자씩 잘라내고 지었기 때문이라고 한다.

용소막성당은 약현성당(1892)을 모델로 한 서양식 성당건축의 대표적 사례다. 성당의 평면은 삼랑식으로 목조 열주에 의해 신랑과 측랑이 뚜렷이 구획되고, 정면 중앙에 종탑이 붙어 있어 하부는 개방된 포치로 되어 있고, 제대부는 5각의 앱스가 돌출되어 있다. 네이브 상부의 천장부분은 목조로 된 반원형 아치로 되어 있고, 아일부분의 천장은 평탄하게 처리했다. 네이브의 아치는 일정한 크기의 목재를 서로 연결하여 아치를 틀고 있다. 이 아치는 합판으로 가리고 있는 천장 윗면의 트러스와 연결되어 횡력을 지탱받고 있다. 아일 천장과 측면 벽체 사이에는 회색의 벽돌로 만든 몰딩을 볼 수 있다. 내부의 바닥은 신발을 벗고 들어가는 마루 구조로 되어 있다.

명동성당이나 약현성당 그 밖에 파리 외방전교회에서 축조한 다른

성당과 마찬가지로 붉은 벽돌과 회색 벽돌을 이용하였으며, 종탑과 좌우 측면에 돌출된 버팀벽(버트레스)이 구조적 역할을 할 뿐만 아니라 견고한 느낌과 분절효과를 얻고 있으며 이를 내부 공간에 그대로 표현하고 있다. 입면 효과는 다른 성당과 마찬가지로 입구의 종탑에 치중되고 있는데 3개의 공간으로 구획된 정면 포치는 중앙이 가장 넓고 양쪽의 입구가 좁아 중심성을 강조하고 있다. 정면 중앙의 종탑은 3층을 구성하며 그 위 네 모서리에 소첨탑(pinacle)이 세워져 있다. 각 면이 삼각형의 박공면을 형성하고 그 위에 뾰족탑(spire)을 세워 놓고 있다. 다른 성당에 비하여 종탑이 비교적 높고 첨탑의 지붕이 급경사인 것이 특징이라고 할 수 있다.

1. 용소막성당 내부(제단쪽)
2. 용소막성당 내부(입구쪽)
3. 용소막성당 제단

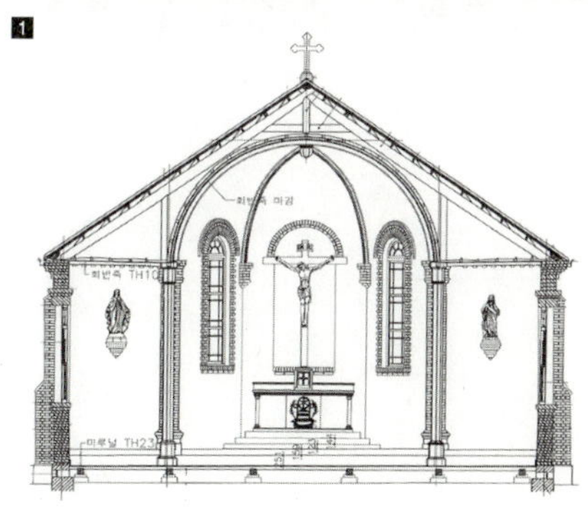
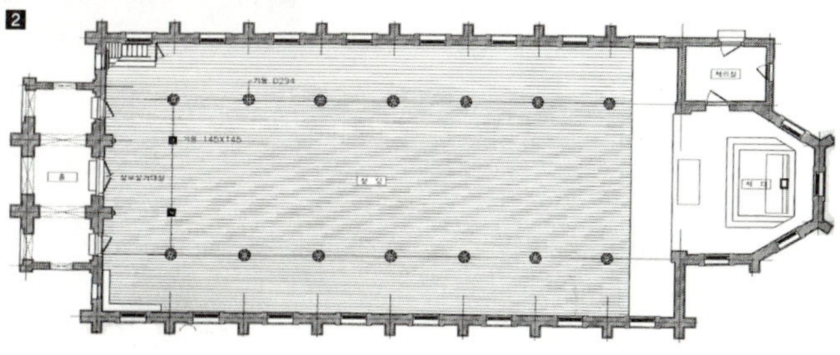

1. 용소막성당 단면도
2. 용소막성당 평면도

충청도 내포지역에 위치한 공세리 일대는 한국 천주교회 창설기에 이미 내포의 사도라고 불리던 이존창(李存昌, 1759~1801, 루도비코 곤자가)에 의해 복음이 전래되었다. 이후 이 지역에서는 박해를 겪는 동안 수많은 순교자들이 탄생하였다. 공세리는 충청도 일대의 공세 관곡을 수합하여 서울로 운송하던 나루였기 때문에 일찍이 마을이 형성되고 또 번창하였을 것이다. 그러나 나루가 있었던 걸매리는 물이 얕아져 공세나루가 폐쇄되고 아산만에서 삽교천에 이르는 방조제 공사가 이루어지면서 마을이 형성되었다.

충남 아산군 인주면 공세리에 위치한 공세리성당은 조선시대 아산, 서산, 한산을 비롯하여 멀리 청주, 문의, 옥천, 회인 등 40개 고을의 조세를 쌓아두던 창고가 있던 곳으로 일명, '공세지'라고도 불렀다. 이 창고 건물은 1523년(중종 18년)에 개설됐다가 고종 때 폐지됨으로써 80칸짜리 건물이 헐리고 그 자리에 1897년 구 본당 및 사제관 건물이 들어섰다. 공세리 성당은 대전교구에서 두 번째로 세워진 성당이다.

첫번째 성당건물은 1895년 드뷔즈 신부가 매입한 한옥 기와집(공세리 281-1)을 수리하고 기존 안채와 행랑채 사이에 ㄱ자형으로 증축한 것으로 ㅁ자형 배치를 한 넓은 대청(6칸짜리 마루)에 성당을 꾸미고, 침실, 제의방, 손님방, 부엌을 비롯하여 마부방, 마굿간, 곳간, 화장실, 우물 등을 갖추고 있었다. 성당의 신자석 가운데에 장막을 쳐서 남녀석을 구분하였으며, 제대 반대쪽 지붕 합각부분에 1칸의 작은 다락을 돌출

공세리성당 측면

하였는데 종각으로 쓰였는지 기능이 확실치 않다. 신자석뿐만 아니라 출입구도 남녀를 구분하여 여자들은 대문 반대쪽의 후문을 이용하였다.

두 번째 성당은 현 대지인 옛 공진창 부근의 대지를 매입하고 1899년 지은 건물로 라틴 십자형 평면의 독립 한옥성당이었다. 세 번째 성당인 현 건물은 초대 본당 신부였던 드비즈(Devise, 成一論, 1871~1933, 에밀리오) 신부가 직접 성당을 설계하고, 중국인 건축 기술자들을 불러 지휘·감독하여 1922년 10월 8일 완공하였다. 축성 당시에는 성당 앞 언덕 아래까지 바닷물이 들어왔으나 지금은 아산만 방조제 공사로 바다가 성당 뒤편에 위치한다.

적벽돌 조적조의 성당건물은 장방형의 삼랑식 건물로 신랑의 천장은 반원형 베럴 볼트로 각 베이마다 회색 벽돌의 표현을 한 목재 리브가 있으며, 회반죽 마감인데 비해 측랑은 평천장으로 목재판을 그대로 노출하고 있다. 한때 늘어나는 신자석을 확보하기 위해 좌우 익랑을 증축하면서 내부 열주를 주두 부분에서 절단하여 제거함으로써 강당식 내부 공간을 이루었는데 다시 좌우 익랑을 철거하고 내부 기

1. 내부 기둥을 제거한
   성당 내부 모습
2. 공세리성당 현재 모습

둥을 복원하였다. 내부 열주를 제거하였는데도 불구하고 건물안전에
는 문제가 없었던 것은 초기 양식 성당의 내부 열주(특히 목조 기둥)는 구
조적 기능보다는 삼랑식 공간구성을 위한 공간분절이 주목적이었음
을 알 수 있게 한다.

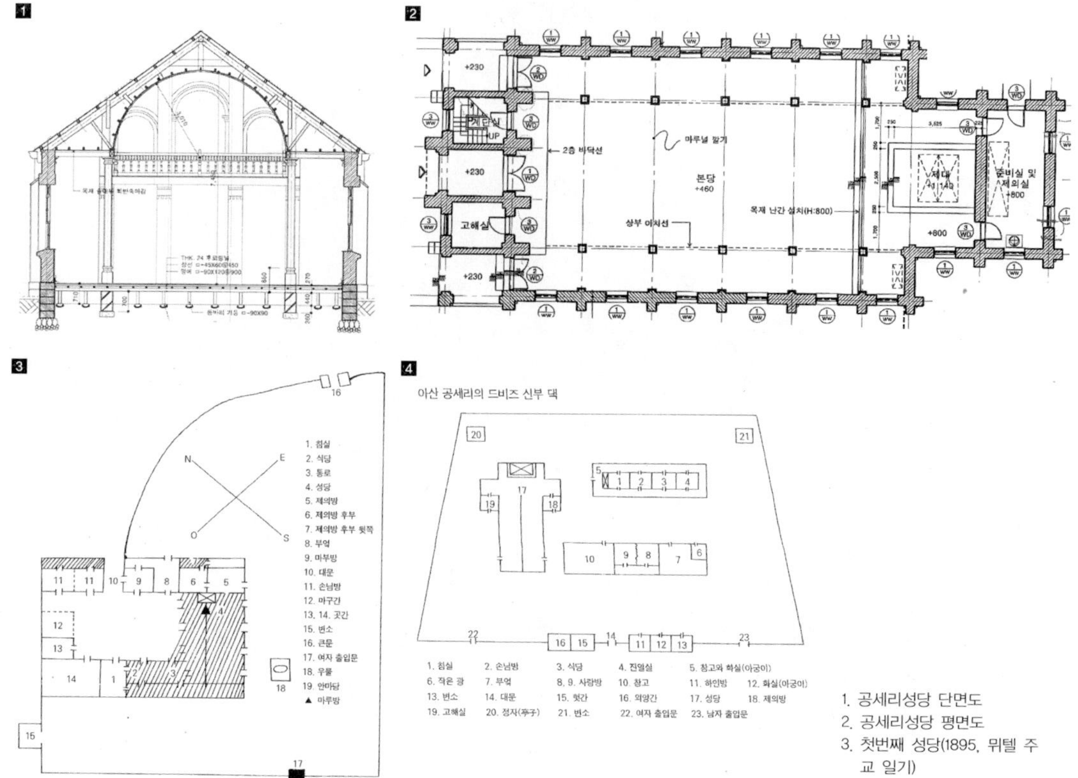

1. 공세리성당 단면도
2. 공세리성당 평면도
3. 첫번째 성당(1895, 뮈텔 주교 일기)
4. 두번째 성당(1899)

경기도 안성군 안성읍 구포동에 위치한 이 성당은 프랑스 신부인 꽁베르(Antonius Gombert, 孔安國)가 1922년에 지은 것으로, 1955년에 로마네스크 풍의 벽돌조 정면 입구와 종탑을 증축하였다. 설계는 명동성당 내부 공사를 감독하고, 전주 전동성당을 설계한 프랑스인 프와넬(Victor Poisnel) 신부가 하였으며, 여기에 쓰인 기와와 돌, 그리고 목재 일부는 안성군 보개면 동안리에 있던 서원 건물을 헐어 썼다. 1925년 덕원 수사원 목공부 출신의 원제동씨에 의해 지금과 같이 제대 뒷벽면 조각 장식이 이루어졌다.

한식 중층구조인 구포동성당의 평면은 정면 5칸, 측면 9칸의 장방형이나 작은 익랑의 구성이 보이는 전형적인 바실리카식 라틴 십자형이다. 내부열주에 의해 신랑과 측랑의 구별이 뚜렷한데, 측랑의 공간은 툇간으로 천장이 낮고 상부에 갤러리를 두고 있다. 정면 종탑부 하부는 개방되어서 배랑의 역할을 하고, 종탑부와 입구 한 칸이 2층을 형성하여 성가대석으로 쓰이고 있다. 종탑부에는 3개의 뾰족한 탑이 있는데, 가운데는 끝이 4각에서 8각형으로 접히는 브로치형 첨탑(broach spire)이고, 양쪽의 것은 사각뿔로 되어 있다.

외벽은 화강석 기초 위에 창대 아래까지는 돌로 쌓고, 상부는 목조 심벽구조로 프라스터 마감이며, 창은 1층은 오르내리창이고, 고창은 미서기창으로 되어 있다. 지붕가구는 왕대공 트러스 구조이며 4개씩의 2층 기둥이 평보를 받치고 있다. 즉 내부 기둥을 고주로 하지 않고 퇴

구포동성당 신축 당시

1. 구포동성당 배면
2. 구포동성당 측면

보 위에 층단 변주와 퇴보의 연장 캔틸레버 위에 2층 내부 변주를 세워 보를 받치고 있다. 이는 재사용한 기둥 길이의 제약 때문인 듯하다. 기둥 단면은 전기의 한옥성당보다 가늘어져서 훨씬 서양식 목조 기둥에 가깝고, 서양주범(order)의 디테일을 기둥에 직접 조각하였다. 특히 제단 뒷벽에는 4개의 이오니아식 주두를 가지고 플루팅(세로홈, fluting)이 되어 있는 4개의 편개주(pilaster)와 4각의 무늬를 조각하였다. 천장은 목재 마감이며, 바닥도 목재 장마루다.

처음 축성시의 사진을 보면, 정면에 전혀 장식이 없고, 내부 공간의 형태와 구조를 그대로 반영한 외곽에 불과한 입면을 가지고 있다. 외부의 허식적인 것을 피하고 단순한 외관으로 처리한 서양 초기 바실리카식 성당(Basilican church)과 일맥 상통하다고 볼 수 있다. 구포동 성당은 라틴십자형의 삼랑식 평면과 열주 아케이드, 광창으로 구성되는 2단 벽면구성, 서양식 내부 장식 등 앞서의 한옥성당보다는 더욱 그리스도교의 전례에 충실한 내부 공간을 이루고 있다.

1. 구포동성당 단면도
2. 구포동성당 내부

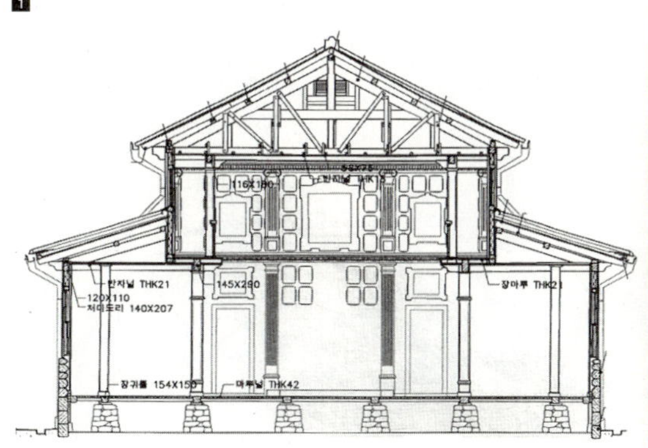

1801년 신유박해 이후 경상도 지역에 천주교 신자들이 본격적으로 유입되고, 새로운 신자들이 탄생하기 시작하였다. 그 대표적인 곳 하나가 신나무골이다. 그리고 병인박해가 끝난 후 성직자들은 신나무골을 중심으로 활발한 전교 활동을 하였다. 그런 가운데 1894년 파이야스(Pailhasse, 河敬朝, 1868~1903, 가밀로) 신부가 입국하였고, 그는 경상도 북부 지역의 전교 활동을 담당하였다. 그리고 1895년 왜관읍 낙산동 가실에 성당을 건립하였는데 그것이 바로 가실성당이다. 한때(1958~2004) '낙산성당'으로 불러오다가 2005년부터 '가실성당'이라는 본래의 이름으로 불리고 있다.

그 후 가실성당은 여러 차례의 본당을 분할하며 경상도 지역의 신앙 중심지로서의 역할을 담당하였다. 가실성당은 우리나라에서 열한 번째, 대구대교구에서 계산성당에 이은 두 번째라는 오랜 연륜을 지녔다. 대구 첫 본당인 계산성당의 전신인 칠곡 신나무골 연화학당처럼, 가실성당에도 신학문과 구학문을 가르치던 학당이 있었고, 한국 천주교회사의 영광과 아픔을 한몸에 품고 있다.

가실 본당의 현재 건물은 1922~1924년에 지어진 고딕식 벽돌조 건물로, 설계는 파리 외방전교회 소속 프와넬(Victor Louis Poisnel, 朴道行, 1855~1925) 신부가, 공사는 중국인 기술자들이 담당했으며, 벽돌은 현장에서 구워서 썼다. 당시 본당 신부가 망치로 벽돌을 한 장씩 두드려가며 일일이 다 확인을 하였다고 전한다.

장방형 삼랑식 건물로 정면 3베이, 측면 5베이에 앱스가 돌출되어
있으며 회중석 3번째 베이의 좌우에 출입구가 부가되어 라틴 십자형을
이루고 있다. 내부 기둥은 목조이며, 가운데 신랑의 천장은 반원형 배
럴 볼트이고 좌우 측랑은 평천장이다.

지금은 전시실로 쓰이는 구 사제관에는 선교사들이 직접 미사주를
채즙하던 포도 착즙기, 밍크본이란 화가가 1930년대에 그린 43장의 성
서그림, 성체를 만들던 숯 제빵기, 100년도 더 된 교적, 요리문답서, 역
대 본당 신부 사진까지 고스란히 남아 있다.

가실성당은 한국전쟁 당시 북한군의 침략을 받는 아픔을 겪었지만
다행히 병원으로 사용하는 바람에 훼손되지 않아 옛 유물과 모습을
그대로 간직하고 있다. 성당 앞쪽에 위치한 '성녀 안나상'은 본당의 주
보성인이기도 하지만 1924년 이전에 프랑스에서 제작되어 수입된 것으
로 한국에서는 유일한 안나상이다.

1. 가실성당 내부(옛 모습)
2. 새롭게 단장된 가실성당 제단
3. 구 사제관에 보관중인
   유물일부
4. 구 사제관에 보관중인
   초기 십사처

1. 가실성당 측면
2. 구 사제관(전시실)

3. 스테인드글라스(Egino Weinert 作)
4. 가실성당 내부

당진 합덕성당
Hapdeok Catholic Church in Dangjin

합덕 본당이 위치한 내포지역은 충청도 복음 전파의 요람지로, 한국 천주교회가 창설된 1784년 이후 내포의 사도라 불리던 이존창(李存昌, 1759~1801, 루도비코 곤자가)이 전교 활동의 터전으로 삼은 곳이다. 이후 내포 공동체는 한국 천주교회사에서 언제나 주목을 받는 곳이 되었고, 신해박해(1791년) 이후 무진박해(1868년) 때까지 박해가 있을 때마다 어느 곳보다 많은 순교자를 탄생시켰다.

김대건(金大建, 1821~46, 안드레아) 신부와 최양업(崔良業, 1821~1861, 토마스) 신부의 집안도 이곳에서 복음을 받아들였으며, 박해를 피해 가며 전교 활동을 편 선교사들도 이곳에서 활동하지 않은 경우가 거의 없었다. 그중 이 지역을 가장 먼저 담당한 선교사는 1836년 초, 최초로 조선에 입국한 모방(Maubant, 1803~39, 베드로) 신부였다. 또 1845년에 입국한 제3대 조선교구장 페레올(Ferréol, 1808~53, 高, 요셉) 주교와 다블뤼(Daveluy, 安敦伊, 1818~66, 안토니오) 신부(1857년에 주교가 됨), 1849년에 귀국한 최양업 신부도 합덕 일대에서 오랫동안 활동하였다.

합덕성당은 1890년에 설립된 충청도 지역 최초의 본당으로 내포평야에 복음을 밝힌지 100년이 넘는 한국 교회의 산 증인이 된 유서 깊은 성당이다. 7대 페랭 신부에 의해 1929년 현재의 성당이 건축되었다. 성당은 주변에 논밭과 농가가 있는 낮은 언덕에 위치하고 있다. 성당의 접근은 북동쪽으로부터 완만한 경사로를 따라 진입하는데 큰 도로에서는 전체가 다 보이지만 서서히 경사로에 가까워지면 종탑과 상부만

합덕성당 정면

보이다가 경사로를 오르면서 전체가 서서히 드러난다.

정면에 2개의 종탑을 가진 로마네스크 양식의 건물로 전면에 개방된 배랑이 있다. 외벽은 적벽돌 조적으로서 각 베이마다 아치형의 창을 두고 사이사이에 일정한 간격으로 플랫 버트레스가 지지하고 있다. 창 아래에 회색 벽돌로 마름모꼴의 무늬를 놓고, 종탑에도 각 면에 이 무늬를 놓아 화려한 맛을 내고 있다.

내부 공간은 목조 열주에 의한 삼랑식이며, 천장은 신랑이 반원형 베릴 볼트, 측랑은 평천장이다. 바닥은 목조 마루이며, 내부에 장식적인 회색 벽돌의 치장이 보인다. 즉, 각 베이의 버트레스의 위치에 붙은 편개주, 제대부의 꺾인 모서리, 창의 둘레, 창 아랫턱 높이의 돌림띠 등이 그것이다.

합덕성당 내부

합덕성당 조감

음성 감곡성당
Gamgok Catholic Church in Eumseong

충북 음성군 감곡면 왕장리 357-2
충북 유형문화재 188호

장호원지역은 본래 부엉골 본당 관할지역에 들어 있었다. 부엉골에 1885년 예수성심신학교가 설립되면서 교우촌이 조성되었고, 1887년 신학교가 서울 용산으로 이전한 뒤에도 얼마 동안 본당으로 남아 있었다. 1894년 봄 부엉골 본당 신부로 부임한 부이용(Bouillon, 任加彌, 1869~1947, 가밀로) 신부는 본당 위치가 적당치 않음을 깨닫고 1896년 5월 장호원의 매산 언덕에 자리 잡고 있던 한옥을 매입하여 본당 이전을 결행하였다. 이로써 부엉골 본당은 폐지되었다. 1903년 성당 신축을 시작하여 다음 해 9월에 30여 칸의 한옥성당을 완공하였다.

원래 이곳은 명성황후의 6촌 오빠 민응식의 집이 있던 곳으로, 1895년 명성황후가 시해되고 민응식이 서울로 압송되면서 의병들이 사용하게 되자 일본군들이 불태워 버렸다고 한다. 명동성당의 축소판 같은 인상을 주는 현 성당은 1930년에 프랑스인 시잘레(Chizallet, 池土元) 신부의 설계로 중국인이 건축한 것인데 당시 장호원 일대에서는 처음 보는 큰 역사였다. 길이 40m, 넓이 15m, 종탑 높이 36.5m다.

평면은 삼랑식 장방형으로 열주와 천장에 의해 신랑과 측랑의 구별이 뚜렷하고, 좌우 양측의 돌출한 출입구에 의해 라틴 십자형의 구성을 하고 있다. 다소 가파른 계단을 오르면 세 개의 종탑을 가진 정면 파사드에 다다른다. 중앙 종탑의 첨탑은 매우 높고, 계단에서 정면까지의 거리가 짧으므로 계단을 오르면서 보이는 정면 종탑부는 더욱 높게 느껴진다. 정면 출입구는 중앙 종탑 하부의 뾰죽 아치로 된 포치이

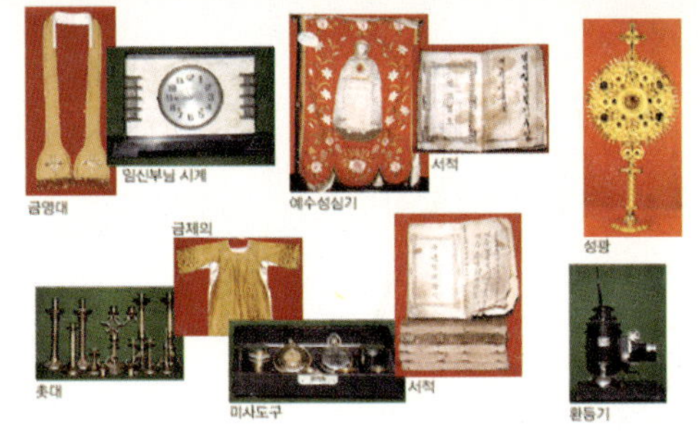

1. 1930년대 감곡성당
2. 현재의 감곡성당 우측면
3. 감곡성당 유물

며, 좌우 종탑 하부는 계단실과 준비실로 되어 있다.

내부 공간은 종탑부 1베이와 6개의 회중석 베이, 2개의 성단 베이 및 5각으로 꺾인 앱스와 그 주위로 연결된 보회랑의 제의실로 구성되어 있다. 신랑과 측랑을 구별하는 열주는 4각의 모를 죽인 8각 석조기둥이며, 기둥머리에 큰 4각 받침이 있다. 신랑의 천장은 뽀죽 베럴 볼트이며, 측랑은 평천장인데 각 베이의 경계선에는 목재에 녹색 칠을 한 리브가 있다. 내부벽은 회반죽 마감이며, 바닥은 목조 마루다.

감곡성당 옛 사제관은 현재 매괴박물관으로 활용하고 있는데 조지안 양식의 지하 1층 지상 2층의 석조 건물로 1, 2층에 발코니가 있다. 이곳에는 충청북도 유형문화재인 예수성심기, 성모성심기와 그 밖에도 많은 천주교 유물을 전시하고 있다.

天主堂
새로운 시작!

서산 상홍리 공소

Sanghong-ni Catholic Secondary Station at Seosan

충청남도 서산시 음암면 상홍리 159-2
등록문화재 338호

서산지역에서 가장 오래된 공소는 가재, 새터, 소길리 공소다. 이 중 가재 공소는 신자 81명의 큰 공소였다. 현재의 공소건물은 1917년에 구합덕 본당에서 분리, 금학리에 재설립된 서산 본당을 2대 본당 신부 폴리(Desideratus Polly) 신부가 1920년 상홍리에 본당을 옮기면서 지어졌다. 그리고 1935년 4월에 해미 하천변에 매장되어 있던 병인박해 순교자들의 유해를 상홍리 뒷산에 옮겨 순교자 묘소를 조성하였다. 이후 1937년 동문읍(현 동문동)으로 본당을 옮긴 후 다시 가재 공소가 되었으나 순교자 묘는 계속 관리하였다. 1955년 4월 천묘 20주년을 맞아 순교탑을 건립하였으며, 1995년 해미 순교자 유해는 해미 성지로 귀환하였다.

상홍리 공소는 규모는 작지만 전통적 한옥의 형태와 구조로 바실리카식(삼랑식) 공간을 구현한 성당으로 대한성공회 강화성당과 비교되는 건물이다. 평면은 동서방향으로 종축을 이룬 장방형으로 정면 횡간이 좌우 툇간을 합쳐 5칸이며, 측면은 종간은 도리칸으로 앞뒤 툇간을 합쳐 7칸이다. 좌우 툇간은 좁은 외부 회랑이고, 뒤 툇간은 제의실이다. 내부 공간은 3×6칸으로 구성되어 있으며 정면에 3×1칸의 삼문형식의 종루가 있다.

구조는 2고주 5량의 중층구조로 신랑에서 본 내부 벽면은 1층의 아케이드와 고측창(클리어스토리)의 2단으로 구성되어 있다. 천장은 신랑, 측랑 모두 평천장이고 창호 역시 사각형이지만 제단 후면벽은 3개의 아치와 기둥을 조각하여 장식하였다. 제단 둘레에는 성찬란이 둘러져 있으며, 제의실이 측랑부분에는 약간 후퇴하여 있고 제의실 출입문이 제단 뒷벽의 측면에 감추어져 있어 제단이 뚜렷이 분절되어 있다.

종루는 1940년에 해체되었던 것을 1986년에 복원하였는데 정면 3칸, 측면 1칸의 8개 원주가 팔작지붕을 받치고 있으며, 기둥 사이를 막지 않고 개방되어 있어 필로티 공간을 통해 성당을 진입하게 하였다. 삼문은 다락층을 두었는데 종루 중앙칸은 보다 높게 하였으며, '天主堂'이란 현판이 걸려 있다.

제단에는 원죄 없이 잉태하신 성모상을 중심으로 성요셉과 예수성심 성화가 좌우로 걸려 있고, 옛 제대와 현 제대가 나란히 공존한다. 또 십자가의 길 14처, 남녀로 나눠 고해성사를 줬다는 고해소, 장궤틀 등도 옛 신앙의 향기를 고스란히 전한다. 모두가 건립 당시 폴리 신부가 프랑스에서 들여왔다고 한다.

상홍리 공소의 옛 모습(1938년)

1. 상홍리 공소의 고백소 창
2. 상홍리 공소의 성모상

1. 상홍리 공소 제단
2. 상홍리 공소 측면

하나. 찬란한 신앙의 유산

서산 동문동성당

Dongmun-dong Catholic Church in Seosan

충남 서산시 동문동
665번지 2호
등록문화재 321호

서산지역 신앙 공동체는 충청도지역 최초의 본당인 구합덕 본당 산하 공소로 출발하였다. 동문동 본당은 1917년 구합덕 본당에서 분리·설립되었으며 본당을 팔봉면 금학리로 옮겼다가 1919년 상홍리 공소로 다시 옮겼고, 얼마 후 서산군 소재지에 가까운 현 부지로 옮겨 1937년 성당을 신축하였다.

4대 주임인 파리 외방전교회 바로(P. Barraux, 1932.7~46 재임) 신부에 의해 건축된 동문동성당은 삼랑식 평면구조에 장식을 지극히 간략화시킨 준고딕 양식의 교회건축이다. 외벽은 시멘트 블록 조적 위에 하벽은 인조석 씻어내기, 상부벽은 시멘트 뿜칠이며, 내부는 몰탈 마감에 수성도장이다. 신랑의 천장은 반원형 베럴 볼트인데 매 칸마다 아치 리브가 돌아가고 있으며 측랑은 평천장이다.

성당 뒤 언덕에 새로 조성한 '바로동산'에는 십자가의 길과 바로 신부 묘비, 그리고 6·25전쟁 때 공산군에게 체포돼 압송되던 중 폭격을 당해 행방을 알 수 없는 콜랭(J. colin, 1948~50.9 재임) 신부 추모비가 있다.

동문동성당 정면

문산성당(현 강당)의 외관과 내부

진주 문산성당
Munsan Catholic Church in Jinju

경남 진주시 문산읍 소문길
67번길 9-4(소문리)
등록문화재 35호

1905년 소촌 공소에서 본당으로 승격된 진주지역 최초의 성당으로 서부 경남 일대 천주교의 거점이었다. 기와지붕으로 된 구 성당건물과 서양식 성당건물이 경내에서 조화를 이루고 있다. 구 성당은 1908년 조선시대 찰방관서(察房官署)였던 기와집 10여 채를 사 지은 것으로 정면 6칸, 우측면 4칸, 좌측면 3칸 규모로 동쪽에 출입구, 서쪽에 제단을 둔 삼랑식 성당이었고, 신자가 늘어나 서양식 성당을 건립하면서 현재는 강당으로 쓰이고 있다.

1937년에 건축된 서양식 성당은 장방형으로 정면의 돌출된 높은 종탑을 중심으로 좌우대칭의 예배공간이 구성되어 있다. 외벽은 시멘트 벽돌 조적 위 시멘트 뿜칠인데 건물 테두리 선을 강조하였다. 내부는 공간의 분절이 없는 강당형(hall church)으로 좌우 벽의 중간 위치에 부출입구가 나있고 제단 후면벽은 3각으로 꺾여 있다. 천장은 평천장이며 외벽은 몰탈 위에 수성도장으로 마감하였다.

1. 한옥 성당과 서양식 성당(위)
2. 서양식 성당 내부(아래)

춘천 죽림동성당

강원 춘천시 죽림동 30
등록문화재 54호

Juknim-dong Catholic Cathedral in Chuncheon

죽림동성당은 1920년 풍수원 본당에서 분리, 설립되었으며, 설립 당시 곰실 본당이었다가 춘천 약사리, 춘천 등으로 본당 명칭이 변경되었으며, 1960년경부터 죽림동 본당으로 불려졌다. 현재의 건물은 1949년 미군부대의 도움을 얻어 착공하여 거의 완공단계에서 한국전쟁으로 중단되고 훼손되었으며, 1953년에야 복구·완공되었다.

이 건물은 춘천교구를 사목하였던 성 골롬바노회 외방선교회 관하의 성당건축물을 대표한다. 성당은 춘천시의 중심인 약사리고개 정상에 서남쪽을 향하여 위치하고 있다. 좌측에 사제관 우측에 유치원 그리고 정면 건너편에 수녀원이 있다. 설계와 감독은 중국인 가(賈) 씨가 하였다.

세장형 장방형 평면에 5각 앱스, 돌출된 좌우 측면의 제의실, 측면 출입구 및 고백실, 그리고 정면 중앙 종탑(하부 주 출입구)이 덧붙어 단순하지 않은 외벽 형태를 이루고 있다. 긴 장축의 이중 익랑의 구성은 영국 고딕 양식 성당의 전통인데 아일랜드의 콜롬바노회가 택한 건축양식과 관련이 있다. 다만 죽림동성당의 경우는 각 익랑들이 독립된 실로 구획되어 있어 전례공간은 단순한 장방형 형태를 이룰 뿐 익랑의 구성은 내부가 아니라 외부에서만 느낄 수 있을 뿐이다.

외벽은 화강석 조적으로서 각 베이마다 버트레스가 지지하고 반원 아치형의 창이 하나씩 나있다. 지붕은 급경사이며 규모에 비해 높이가 상대적으로 낮다. 내부 바닥은 마루이며 천장은 베럴 볼트다. 2000년

춘천 죽림동성당 내부
(제단쪽-위, 입구쪽-아래)

대희년과 교구설정 60주년을 맞이하여 내부와 전례기물들을 전례거행에 합당하고 예술적으로도 흡족하게 새로이 정비하였다.

성당 뒷마당에는 한국전쟁 당시에 희생된 성직자들의 묘가 있으며, 십자가, 제대, 감실, 주교좌, 십사처, 유리화, 성모상, 등 성당 내외에는 현대 한국 가톨릭 미술가를 대표하는 작가들의 작품들이 설치되어 있다.

1. 죽림동성당 정문(동판문)
2. 죽림동성당 스테인드글라스

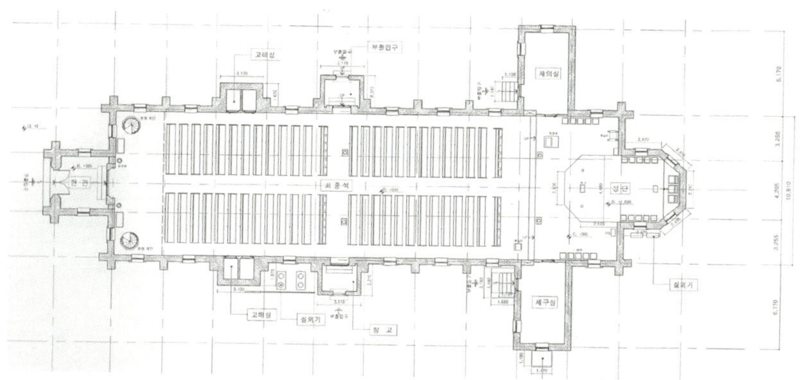

1. 죽림동성당 정면
2. 죽림동성당 우측면

홍천성당
Hongcheon Catholic Church

강원도 홍천군 홍천읍 마지기로
54(희망리)
등록문화재 162호

홍천 송정리(현 홍천군 화촌면)는 박해시대부터 천주교 신자들이 들어와 터를 일구고 산 옹기촌이었는데 1902-03년 사이에 공소가 설립되었으며, 1923년 6월 본당으로 승격된 후 교세 확장을 위해 읍내에 부지를 매입하여 1936년 이전했다. 1939년 강원도 지역 사목이 성 골롬반 외방선교회에 위임되면서 골롬반회 소속 신부들이 본당 사목을 담당하였으며, 한국 전쟁이 종료될 즈음 9대 주임으로 부임한 최동오 신부는 1953년 9월 전쟁으로 파괴된 목조 성당을 재건하고 현 성당의 신축공사를 시작했다. 한편 한국전쟁 중 체포되어 '죽음의 행진'을 경험하고 본국으로 추방되었다가 1954년 8월 10대 주임으로 재부임한 크로스비(P. Crosbie) 신부는 성당 신축공사를 이어받아 1955년 4월 성당과 사제관을 완공했다.

미군 공병대의 도움과 최동오, 크로스비 신부 그리고 신자들의 헌신으로 건립된 홍천성당은 내부 공간의 분절이 없는 강당형 성당(Hall church)으로, 돌에 홈을 파서 끼워 넣는 식으로 외벽을 축조한 것이 특징이며, 특히 성당 바닥 마루는 그 아래 넓은 공간을 두고 습기 방지를 위해 새끼줄 타래를 깔아 놓아 현재까지도 양호하게 보존되고 있다.

홍천성당은 1950년대 석조 성당의 전형을 보여주는 건축물이다.

1. 홍천성당 정면. 계단식 종탑이 특징이다.
2. 홍천성당 내부

소양로 성당은 한국전쟁 후 전쟁의 피해가 많았던 콜롬바노회의 사목 지역에서 특별한 사연으로 지어진 기념 성당이자 한국 최초의 근대주의(모더니즘) 양식의 성당이다. 한국전쟁 중에 소양로·묵호·삼척 성내동에서 선교하던 신부들이 공산군에게 죽임을 당하자 그들의 순교혼이 서려 있는 터에 기념 성당을 짓기로 한 것이다. 묵호와 성내동성당은 성 콜롬바노 외방선교회 건축의 특징인 긴 장방형에 좌우날개가 2중으로 붙은 고딕식 건물이었으나 소양로는 당시로는 받아들이기 힘든 부채꼴 형태를 택한 것이다.

한 로마의 원형 성당에 크게 감명받은 당시 본당주임을 맡았던 버클리(James Buckley) 신부가 서양의 초기 그리스도교시대의 성묘(聖墓)를 참조하고 바로 뒤에 언덕이 있는 좁은 대지조건을 고려하여 설계(구상)하였으며, 공사감독은 당시 콜롬바노회의 건축을 전담하다시피 한 중국인 가(賈) 씨가 전담하여 1957년에 건축하였다.

성당의 평면은 반원형을 기본으로 하여 중앙 제단을 중심으로 300석의 신자석을 부채꼴로 배열하고 원주면 중앙에 출입구 현관과 고백소, 좌우 끝단에 제의실과 유아실을 덧붙인 형태다. 구조는 시멘트 벽돌조적벽체가 목조 지붕틀을 지지하고 있는데 지붕틀은 지름의 중심을 최고점으로 하여 트러스가 방사상 부채꼴로 배열되어 있다. 아치창, 버팀벽 등은 교회건축에서 흔히 사용되는 고전적 기법이나 일체의 장식을 배제한 단순한 형태와 밝고 기능적인 내부 공간은 근대적인 건축개념이다.

　부채꼴 좌석 배열은 모든 신자들이 제대와 보다 더 가깝고 시·청각적으로 긴밀한 관계를 갖게 함으로써 예배에 능동적이고 적극적인 참여를 가능하게 한다. 이는 20세기 초 독일과 벨기에에서 전개된 '전례운동'과 '근대건축운동'의 영향으로부터 시작되어 가톨릭 교회의 쇄신과 현대에의 적응을 위해 소집된 제2차 바티칸 공의회(1962-65) 이후에 공식화되고 보편화된 현대 성당건축의 한 유형으로서 그보다 앞서 건축되었다는데 교회사 및 건축사적 의미를 갖는다.

　한국전쟁시 소양로 본당 초대 주임 콜리어, 앤서니(Collier, Anthony) 신부는 피신하라는 교구장 권유에도 불구하고 남아서 신자와 부상자들을 돌보다 전쟁 발발 이틀 만인 1950년 6월 27일 인민군의 손에 끌려가 37세의 나이에 사살되었다. 콜롬바노회 선교사로서는 한국전쟁의 첫 희생자가 된 것이다. 집사 겸 복사인 김 가브리엘과 함께 밧줄에 묶여 끌려가던 앤서니 신부는 "가브리엘, 자네는 처자식이 있으니 꼭 살아야 하네. 저들이 총을 쏘기 시작하면 재빨리 쓰러지게. 내가 쓰러지면서 자네를 덮치겠네"라고 말했다. 예상대로 인민군 병사는 경고 한마디 없이 총을 난사했다. 그때 김 가브리엘은 목과 어깨에 총상을 입었지만 자신을 끌어안고 쓰러진 앤서니 신부 덕분에 목숨을 건져 훗날 그 상황을 생생히 증언했다.

1. 소양로성당 조감
2. 소양로성당 내부 2층에서 내려다본 제단

1. 묵호성당(1954)
2. 성내동성당(1957, 등록141)
3. 북평성당(1959)

나는 길이요 진리요 생명이로라…… 요한복음 14장 6절
천지는 변하려니와 내 말은 변치 아니하리라 루가복음 21장 33절

혜화동성당
Hyehwa-dong Catholic Church in Seoul

혜화동(속칭 잣나무골, 栢洞)은 한국 천주교회사에 있어서 간과할 수 없는 유서깊은 곳의 하나다. 이곳은 성균관이 있는 이웃 반촌(伴村, 현 명륜동)과 함께 천주교 창설기와 수난기에 많은 교우들이 숨어서 교리를 배우고 신앙을 다지던 곳이다. 신앙의 자유를 얻게 된 후 종현 본당(1882), 약현 본당(1893)에 이어 1927년 혜화동 본당이 서울에서는 세 번째로 창설되는데, 성당의 터전은 1909년 이미 독일의 성 베네딕도회가 들어와서 백동에 수도원을 건설하면서부터다.

성베네딕도회가 서울교구로부터 분리·신설된 원산교구의 포교를 맡아 덕원으로 수도원을 옮기자 성당을 비롯한 부속시설을 기반으로 본당 설립의 기틀을 다지고 창설된다. 수도원 부속건물인 목공소를 개조하여 성당으로 사용하였으며, 혜화동 본당에는 장기빈, 장면, 장발, 박병래, 유흥렬, 정지용 등 유지 및 지식인들이 많았다.

1957년에 착공하여 1960년에 준공한 현 성당건물은 한국 성당건축사에서 중요한 의의를 지니고 있다. 근대적인 성당건축으로는 이미 명수대성당(1954, 멸실), 소양로성당(1957, 등록문화재 161)에서 볼 수 있지만, 혜화동성당은 건축 전문가에 의해 설계된 합리적이고 기능적인 건물로 1960년대 이후 보이기 시작한 근대 성당건축의 선구자적인 건물이다. 전체가 철근콘크리트 구조의 장방형 평면을 가진 상자형태의 건물로 신랑, 측랑의 구분이 없고 아치나 볼트의 구성이 없다. 내부 공간이 전례의 기능상 전혀 문제없는 바는 아니지만 종탑의 형태나 창의 모양

등 모든 의장적인 면이 탈양식적(脫樣式的)이며 모더니즘(modernism)의 정
신을 지니고 있다.

혜화동성당은 성미술로도 유명한 성당이다. 성당 정면 열주 위에는
예수 그리스도를 중심으로 네 복음사가의 상징이 조각되고, "나는 길
이요, 진리요, 생명이로다. …"(요한복음 14장 6절)와 "천지는 변하여니와 내
말은 변치 아니하리라"(루가복음 21장 33절)의 성경구절이 새겨져 있고, 종
탑에는 성 베네딕도 주보성인의 입상이 부조되어 있다. 조각은 김세중
의 도안으로 김세중, 최만린, 송영수, 장기은 등이 하였다.

성당 내부 좌측 벽면에 걸려 있는 성로 14처는 독일에서 미술을 전
공한 미국인 헨더슨(Handerson, 당시 주한 미국대사관 문정관의 부인이며 서울미대 강

1. 혜화동성당 강론대
2. 혜화동성당 내부

새)이 독일 표현주의의 영향을 받아 만든 장중감 넘치는 작품이다. 또한 순교복자 103위 성화는 1천 호(3.2×3.8m)에 달하는 초거작으로 문학진에 의해 제작되었으며, 제대 뒷 벽면은 권순형에 의해 세라믹으로 장식되고, 남쪽 창문은 이남규에 의해 스테인드글라스로 단장되었다.

혜화동성당은 건축뿐만 아니라 조각, 회화, 스테인드글라스 등의 가톨릭 미술면에 있어서도 중요한 의의를 지닌 건물로서 근대 한국 가톨릭 미술의 시발점이 된 건물이다. 건축가 개인의 근대주의에 대한 의지보다는 혜화동성당 공동체의 지도급 신자들의 의식의 표현이었으며, 특히 장발을 비롯한 서울미대의 신자 미술가들의 공동노력의 산물이다.

1. 혜화동성당 평면도
2. 혜화동성당 제단

02

개신교

한국 개신교 교회건축은 종파별 건축양식의 특성이 뚜렷하지 않다. 개신교 교회건축은 천주교나 성공회의 성당과 달리 성서봉독과 설교의 시청각적 실용성이 우선되었고, 건축양식 자체의 표현에는 깊은 관심을 두지 않았기 때문에 교회의 상징으로서 고딕 양식을 채택하면서도 그것을 간략화, 변용하기를 서슴치 않았다.

해방 후 개신교 교회건축은 강당형 내부 공간에 단순한 네오고딕 양식의 벽돌조와 석조가 주를 이루었으며, 천주교에 비해 건축양식에 충실하지 않으면서도 외형은 더 보수적인 경향을 띠었다.

급속한 성장과정에서 개신교 교회는 이전과 확장을 거듭하였으며, 따라서 초기 건축유산들은 거의 사라지고 몇몇이 남아있을 뿐이다. 현재 지정문화재 8개소, 등록문화재 13개소가 있다.

정동제일교회
Jeong-dong Methodist church

서울특별시 중구 정동 32-2
사적 256호

1885년 한국 최초의 개신교 선교사로 파송된 27살의 아펜젤러(Appen-zeller Henry Gerhart, 1858~1902) 목사가 1885년 10월 11일 정동에 있는 자신의 한옥 사택에서 한국인들과 처음으로 예배드림으로써 한국 감리교의 요람인 정동제일교회가 창립되었다. 당시만 해도 남녀가 한 자리에 모여 예배를 드릴 수 없었기 때문에 남자들은 교회이자 학교인 아펜젤러의 집에 모였고, 여자는 함께 파송된 스크랜튼 여사의 집과 이화학당에서 모였다. 아펜젤러는 우선 일본 공관원들을 대상으로 성경공부를 시작했고, 이 모임이 서울연합교회로 발전했다. 고종이 '배재학당'이라는 학교명을 하사하면서 한국인에 대한 복음선교 사업이 본격화되었고, 이러한 분위기에서 벧엘 예배당이 건립된 것이다. 교회 근처에는 이화학당과 배재학당이 있었고 교회는 이 학당들과 밀접한 관련을 맺고 있었기 때문에 개화운동의 중심 역할을 했다.

교인수가 급성장하게 되자 500명을 수용할 수 있는 예배당을 짓기로 하고 1895년에 착공 1897년 12월 26일 예배당 봉헌식을 가졌는데 붉은 벽돌로 만들어진 최초의 본격적인 서양식 교회당이다. 건립비용은 대부분 미국 선교부가 부담했다. 설계는 일본 요코하마에서 서양식 교회당을 설계한 경험이 있는 일본인 요시자와(吉澤友太郞)가 설계했고 한국인 심의석이 시공하였다.

한편 갑신정변으로 미국에 망명했다가 귀국한 서재필은 배재학당에서 강의하면서 청년들의 사회 참여의식을 고취시키기 위해 협성회를 조직했다. 협성회의 주요인물들이 정동교회 청년회에 들어옴에 따라 당시 어느 단체보다 의식 있는 집단으로 반일 민족독립운동을 병행하면서 복음을 전파했다.

원래 평면은 라틴 십자형으로 네이브(nave)와 제단 양측의 트란셉트(transept)로 구성되었으나, 그 후 증축하면서 네이브 양측에 아일(aisle)을 첨가하여 라틴 십자형의 평면에서 장방형 평면으로 바뀌었다. 그때 설치된 좌우에 6개씩의 사각 목조 기둥이 신랑과 측랑을 구분하고 있다.

원래 건물은 그대로 두고 양 날개 부분만 늘려 지었기 때문에 건물의 원래 모습은 유지하고 있다. 외벽은 적벽돌 조적이며 곳곳에 고딕풍의 뾰죽 아치(Pointed arch)의 창문을 내고 있으나 소박하고 간결하다. 창문의 뾰죽아치와 격자창살은 단순화된 형태로 교회당 창문의 모델이 되기도 하였다. 십자형 경사지붕과 박공, 그리고 정면 동남측 모서리에 자리 잡은 종탑부가 상징적인 역할을 하는데 뾰족한 첨탑 대신에 4연 아치창으로 장식된 평탑 형식이다. 전체적으로 빅토리아 시대의 전원풍 고딕 양식이다. 일반 예배는 인접하여 들어선 신관에서 거행되고, 이 건물은 '문화재 예배당'으로 잘 보존되고 있다.

강단의 성구와 파이프오르간

정동제일교회 후면과 조감

전라북도 모악산 일대는 예로부터 내세지향의 미륵신앙이 결집된 곳이며, 구한말 증산교를 비롯해 민족종교와 신흥종교가 발생하고 융성하였던 지역이다. 모악산 아래 금산사 입구 마을에 있는 금산교회는 1908년 미국 남장로회 전주 선교부의 데이트(Lews Boyd Tate) 선교사기 지은 한옥교회다.

조선 예수교 장로회의 사기(事記)에 의하면, 처음의 교회는 1905년에 5칸으로 지었으나, 1908년 지금의 자리로 옮겨 지은 것이라고 한다. 현재 금산교회 옆으로 1988년에 새로 지은 교회 본당과 사택이 들어서 있다.

건물은 남북방향으로 5칸이며, 여기에서 동쪽으로 2칸을 덧붙여 뒤집힌 ㄱ자 형태를 이룬다. 내부는 통칸으로 이루어졌으며, 남북방향 5칸과 동쪽방향 2칸이 만나는 곳에 강단을 설치하여 남쪽으로 남자석, 동쪽으로 여자석을 분리하여 마련하였다. 예배시는 남자석과 여자석 사이에 흰 휘장을 쳐서 서로의 시선을 가리도록 했는데 1940년대 들어서야 이러한 관습은 사라졌다고 한다. 이는 한국 초기 교회건축에서 나타나는 독특한 형태로 한국 전통사회의 남녀구분이라는 큰 문제를 ㄱ자형 건물을 지어 남녀가 나뉘어 예배를 보게 함으로써 해결하려 했던 것이다.

ㄱ자형 평면의 교회는 '남녀유별'이라는 유교전통의 영향에서 발생되었지만 신자수의 급격한 증가에 따른 수월한 증축방식이란 점에서

1. 금산교회 강대상
2. 동측 날개부에서 본 강대상

개항기와 일제강점기에는 광범위하게 나타났다. 특히 낯익은 ㄱ자 한옥주거와 유사한 형태, 규모, 구조, 그리고 설교전달의 시청각적인 스케일과 대지 등의 다양한 조건에 대응한 것이며, 선교사들의 토착화 노력과도 합치된 것이다.

한국의 전통 건축양식과 서양식 교회의 특징을 조화롭게 결합시킨 이 교회는 초기 교회건축의 한국적 토착화 과정을 살필 수 있는 중요한 건물로, 건물의 원형은 물론, 가구, 집기 등 각 구조물이 잘 보존되고 있다.

ㄱ자형 평면의 교회는 천주교에서도 드물게 보이며, 현존하는 유사
한 사례로 두동교회(전북 문화재 자료 179호)가 있다.

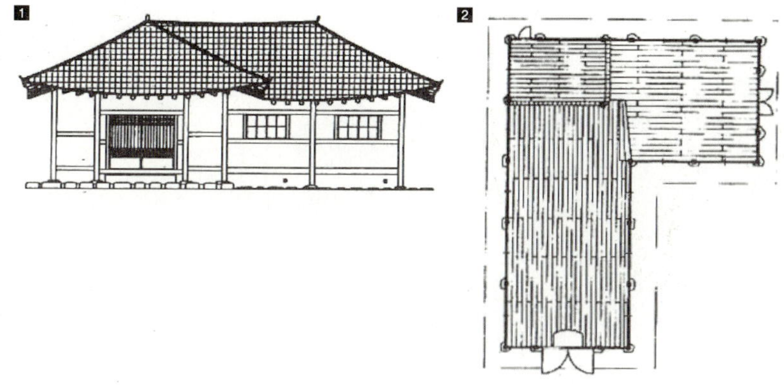

1. 금산교회 정면도
2. 금산교회 평면도

1. 두동교회(1929년, 전북문
   자 179)
2. 두동교회 전경
3. 두동교회 내부
4. 두동교회 강대상에서 본 남
   녀석

강화서도 중앙교회 건물은 1923년 교인들의 헌금으로 지은 한옥 예배당이다. 1902년 감리교 전도사 윤정일이 복음을 전도하기 위해 이곳 주문도리에 들어왔고, 1905년에는 교회와 신도가 마음을 모아 영생학교를 설립하여 민족의식을 고취시켰으며, 1923년 교인들의 헌금으로 이 교회를 새로 지었다.

강화서도 중앙교회 정면

종탑부로 사용되던 건물 전면의 구조물(정면 2칸, 측면 1칸)까지 합하면 정면 4칸, 측면 8칸의 건물이라고 할 수 있다. 지붕은 팔작지붕으로 이루어져 있으며, 용마루는 적새 5단으로 구성되었고, 귀마루와 내림마루로 연결된다. 건물의 전면 합각부에 연결된 종탑부는 2층으로 이루어졌으며 상층지붕은 우진각지붕으로 꾸몄다. 돌출한 종탑부 하부에 주 출입문이 있으며, 종탑부의 2층에는 정면 2칸과 측면 각 1칸씩 모두 4면에 팔각형의 창호에 십자모양의 격자를 내어 미려한 느낌을 자아낸다.

강화서도 중앙교회 원경

종탑부를 제외한 건물의 외벽에는 하부에 화방벽을 설치하고 상부는 창호와 회벽을 번갈아 배치하였다. 외벽 상부에는 목재 격자창이 있으며, 건물의 후면 중앙의 2칸에는 각각 십자 모양의 창호를 내어 한식 건물이긴 하지만, 기독교적인 표현을 하고 있다. 예배당 내부는 삼랑식으로 좁은 신랑과 측랑, 중앙의 강단으로 구성되어 있다.

구세군중앙회관
The Salvation Army Central Hall

구세군은 군대식으로 조직·운영되는 국제적 규모의 그리스도교 교파 및 자선단체다. 구세군이란 말은 '구세주의 군대(The Salvation Army)'를 줄인 말인데 19세기 중반 영국 감리교 목사인 윌리암 부스와 그의 부인 캐서린 부스가 소외된 빈민층의 구제를 위해 영국 런던에서의 가로전도로부터 시작되었다. 한국의 구세군은 1908년 한국 개척사령관으로 임명된 영국 선교사 로버트 호가트(R. Hoggard, 許嘉斗)와 그 일행이 서울에 도착하면서 시작되었다. 호가트는 구세군 교회인 영문(營門)뿐만 아니라 병원과 고아원, 양로원 등을 세우고, 평양, 부산 등 지방으로 선교지역을 넓혀 단기간에 많은 교인들을 모았다. 이렇게 교인들이 늘어난 것은 '구세(救世)'의 뜻을 '구국(救國)'의 뜻으로 오인한 사람들이 입교했기 때문이었다.

이 구세군의 상징적인 건물이 덕수궁에서 덕수초등학교로 내려오는 돌담길 끝자락에 위치하고 있다. 구세군이 위치한 정동 1번지 일대는 조선시대 군사조직의 하나인 수어청이 있었고, 1900년에서부터 1920년까지는 조선시대 역대 임금의 초상화를 봉안하고 제사를 지내는 선원전(璿源殿)이 있던 곳이다. 고종은 선원전 인근의 작은 토지를 매입해서 그 한옥들을 철거하고 새 전각을 지어 궁궐의 여인들을 살게 했고, 한일 강제병합 후 궁중의 상궁들은 모두 궁을 떠났다. 그 지역 중의 하나가 현재 구세군의 땅이다. 선원전 일대는 고종황제가 승하한지 1년이 지난 1920년 선원전의 어진을 창덕궁으로 옮긴 후 조선은행, 식산은행,

경성일보사 등에 매각되었고 이후 해인사의 불교중앙포교소와 경성여
자공립보통학교(현 덕수초등학교 자리), 경성제일공립고등여학교(구 경기여자고
등학교 자리), 경성방송국, 그리고 구세군 본영이 건축되었다.

　거대한 지붕과 웅장한 포티코가 인상적인 이 건물은 1928년 구세
군 목회자를 양성하는 사관학교로 지어져 한동안 구세군 본영으로도
사용되면서 '구세군 중앙회관'으로 불리다가 현재는 구세군 청년교회
와 구세군 역사박물관으로 사용되고 있는 건물이다. 이 건물은 좌우
대칭의 익랑이 붙은 山자 평면의 2층 르네상스 양식의 벽돌조 건물로
전면 중앙에 4개의 원기둥과 페디먼트(박공)로 이루어진 포티코가 웅장
한 분위기를 자아낸다. 초기에는 1층 중앙부에 사무실, 양측 익랑에
는 기숙사가 있었으며, 2층 중앙부에 강당, 양측에는 계단과 복도가
있었다. 예배와 찬양연습, 문화공연장으로 쓰고 있는 2층 강당은 내
부 기둥 없이 해머–빔(Hammer Beam) 트러스 지붕구조를 얹었는데 천장
구조의 섬세한 장식이 고풍스런 멋을 주며, 전체적인 분위기와 조화
를 이루고 있다.

구세군회관과 경성방송국 전경
(1930년대)

2층 강당 내부와 헤머빔 트러스

구세군중앙회관의 전경

1. 대구제일교회 정면
2. 대구제일교회 종탑
3. 대구제일교회 내부
4. 대구제일교회 신축 예배당

대구제일교회
The 1st Presbyterian Church in Taegu

대구광역시 중구 남성로 50
대구광역시 유형문화재 30호
(사진: 문화재청)

대구제일교회는 대구의 중심가 남성로에 있는 약전골목의 중간 지점에 남향으로 배치되어 있다. 이 교회는 경상북도와 대구의 수많은 교회건물 중 가장 오랜 역사를 가졌고, 선교사들이 근대적 의료활동과 교육을 전개하였던 곳이다. 이 곳에 있었던 초가에서 1898년 의사인 존슨 선교사가 대구 최초의 서양 의학병원이며 동산병원의 전신인 제중원을 세워 서양의술을 소개하였고, 1900년에는 아담스 선교사가 대구 최초의 근대학교인 희도학교를 개교한데 이어 마사 부인(Mrs. Martha), 부루엔(S. Bruen)이 대남학교와 신명학교를 설립한 곳이기도 하다. 따라서 대구제일교회와 주변은 기독교가 근대화에 기여한 상징이 되고 있다.

1895년 부산에 있었던 북장로교 선교 본부가 대구로 옮겨진 후 기와집 4동을 교회당으로 사용하다가 1908년에 재래 양식과 서구 건축 양식을 혼합한 교회당을 지었다. 본 교회당은 1933년 신도들의 헌금과 중앙교회의 성금으로 교회당을 새로 짓고 이름을 제일교회로 바꾸었다. 그 후 종탑이 증축되었으며 1969년 내부 중수공사를 하였고, 1981년 본당 뒤편으로 156평을 증축하였다.

현재 이 건물은 평면이 남북으로 긴 직사각형이고, 앞면 중앙에 현관을 두고 오른쪽에는 종탑을 세운 간결한 고딕 건물이다. 1층은 사무실·유치원·청소년 예배실로 사용하고, 2층은 전체를 예배실로 사용하고 있다. 외관 구성에서 고딕적 특성을 잘 나타내고 각부 비례와 조적 수법 등이 정교하다.

동산의료원 내의 선교사 주택.
위로부터 블레어 주택, 의료선교 박물관, 스윗 주택, 챔니스 주택

강경북옥교회

강경 북옥감리교회
Bookok Methodist church

충남 논산시 강경읍 옥녀봉로
73번길 8(북옥리)
등록문화재 42호

강경 읍내에서 옥녀봉에 오르는 언덕배기 쪽에 위치한 강경 북옥교회 예배당은 1923년 강경성결교회 예배당으로 지었는데, 최초의 신사참배 거부운동으로 세인의 주목을 받은 성결교회가 늘어나는 신도들을 더 수용할 수 없어 홍교동으로 이전한 후 남은 신자들이 교파를 감리교로 바꾸면서 시작되었다.

북옥감리교회는 현재 남아 있는 몇 안 되는 개신교 한옥 교회로, 1923년 이인법 목사가 설계하였다. 일반적으로 한옥 교회는 도리방향의 횡축과 보방향의 종축을 바꿈으로써 넓은 실내공간을 확보하였는데 북옥교회는 축을 바꾸지 않고 오히려 깊이보다는 좌우의 폭이 더 넓은 장방형 평면이다. 또한 가구는 9량 구조로 고주에 결구된 대들보 위에 중보를 얹고 그 상부에 종량을 얹었다.

팔작지붕에 겹처마인 북옥교회는 간벽을 적벽돌로 조적하였으며 내부는 회반죽 마감으로 처리하고 천장은 서까래를 그대로 노출시켜 단순한 목조 건축의 구조미를 나타낸다. 장방형 평면을 취함에 따라 건물의 조형성이 전통적인 비례를 벗어나 있지만, 기능에 따른 평면구성과 상부의 가구구조는 기독교의 토착화 과정에 나타난 한옥 교회의 건축방법을 보여주고 있다. 당시 남녀유별의 유교적 풍습에 따라 교회 전면에 문을 2개 만들어 남자와 여자의 출입구를 따로 구분하였고 대들보 좌우로 남녀 신도가 따로 앉았다고 한다.

북옥감리교회 측면과 내부

03

성공회

성공회는 개화기는 물론이고 일제 강점기, 해방 후 1950년대까지 한옥 성당이 일관되게 나타난다. 외래종교인 그리스도교 건축의 토착화의 상징인 강화 성당(1900년, 완벽한 바실리카식 한옥 성당)이 건립됨으로써 이후 성공회 성당의 모범이 되었다. 일제강점기에도 서울대성당(1926), 인천내동성당(1956) 등 몇몇 로마네스크 양식의 벽돌조 성당을 제외하고는 대부분 한식 또는 한·양 절충식이었으나, 1960년대 이후 한옥 성당의 건축은 차츰 자취를 감추게 되며, 1960년대 이후의 성공회 건축은 건축적인 측면에서는 쇠퇴기에 접어들게 된다.

현재 성공회 건축문화재는 지정문화재 6개소, 등록문화재 1개소이며, 양식상으로는 크게 서양식(로마네스크 양식)과 전통양식으로 분류할 수 있다.

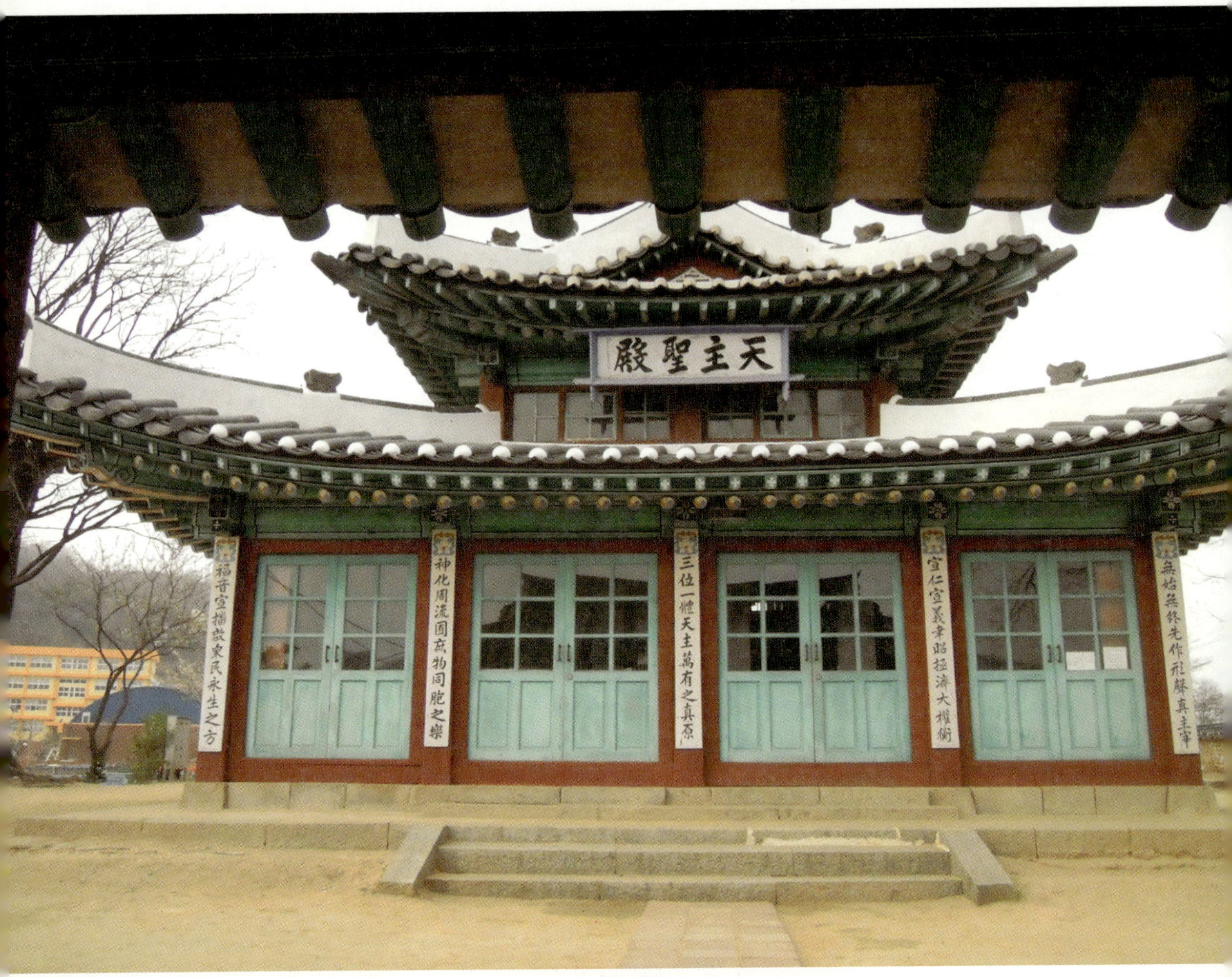

天主聖殿
無始無終先作形聲眞主宰
宣仁宣義聿昭拯濟大權衡
三位一體天主萬有之眞原
神化周流囿庶物同胞之樂
福音宣播救衆民永生之方

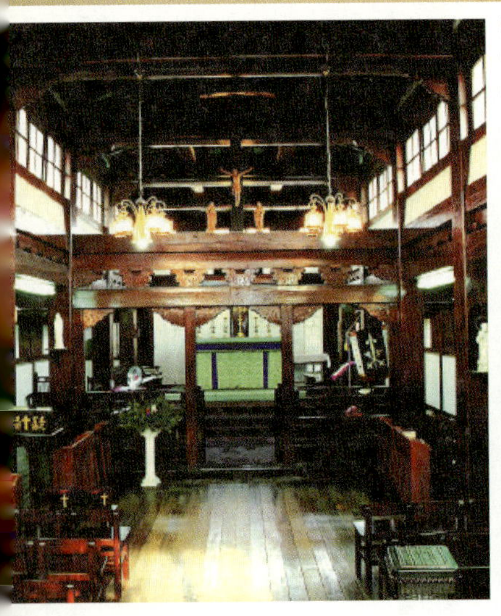

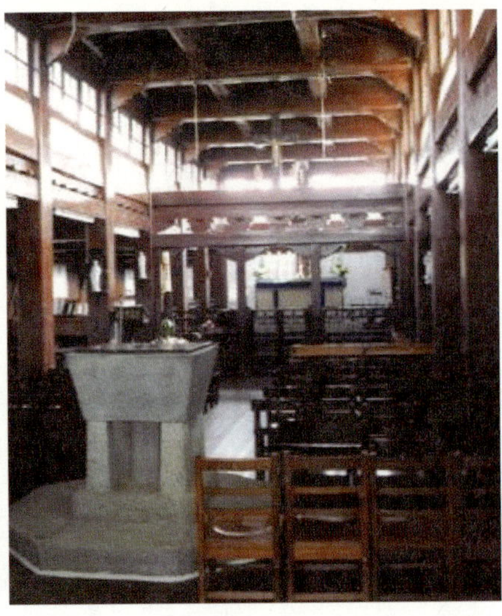

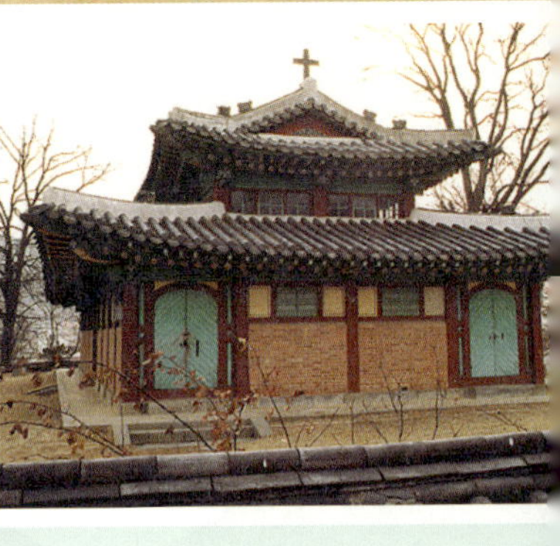

성당이 위치한 강화읍 관청리 언덕은 고려 중기 몽고군의 침입에 항쟁하기 위해 강화도에 천도하고 내성을 축조한 남쪽 성터의 일부분으로 강화읍 시가지를 한눈에 볼 수 있는 견자산 언덕마루다.

경사지 주변 대지를 배 모양으로 축성하고, 외삼문, 내삼문. 성당, 사제관을 남서향 종축으로 배치하여서 흡사 강화읍과 남산을 향해 항해하는 형태를 취하고 있다. 외부 공간의 구성이 구릉지 가람(伽藍)과 유사하게 경사 진입로, 석축계단, 외삼문, 내삼문을 지나 성당에 이르게 되고 성당 뒤 담을 둘린 뒤 사제관이 위치한다. 외삼문은 솟을대문에 팔작지붕이고 보다 낮은 담장과 연결되어 있으며 동쪽 칸에는 제2대, 3대 주교의 기념비가 있다. 내삼문도 평대문에 역시 팔작지붕인데 서쪽 칸이 종각으로 활용되고 있다.

성당의 평면 형태는 전통 목조 중층한옥의 축을 바꾸어서 전형적인 삼랑식 바실리카 성당의 내부 공간을 구성하고 있다. 정면 횡간이 보칸(梁間)으로서 좌우 툇간 한 칸씩을 합쳐 4칸이고, 측면 종칸(道里間)은 앞뒤 툇간을 합쳐 10칸이다. 앞 툇간 4칸은 배랑(拜廊, narthex)으로 쓰이고 뒤툇간 4칸은 제의실로 쓰이며 예배실은 좌우 7개씩의 고주에 의해 신랑과 측랑의 구별이 뚜렷하다. 신랑의 폭은 측랑 폭의 두 배이고, 신랑의 천장 높이(대들보 하단까지)는 측랑의 폭과 거의 같다. 사방 고창에 의해 내부는 밝다.

5번째 고주 사이의 신랑과 6번째, 7번째, 8번째 칸의 신랑과 측랑 사이에 3척 높이의 성찬란이 둘러쳐져 있어 지성소 내진(chancel)과 성가대석 및 회중석을 구분하며, 7번째 대들보 아래에 주제단이 놓여 있고, 성찬란 바깥 좌후면에 소제대가 설치되고 그 위에 감실이 위치하고 있다. 석조 제대가 놓인 바닥은 화강석으로 되어 있으며, 나머지는 모두 목조 마루다. 전면 성찬란이 있는 고주 사이에는 측랑의 퇴보를 신랑 위에도 연결하고 그 위에 십자고상과 마리아상 및 성 요셉상이 있다. 제대 후면 중앙기둥에는 하느님 야훼를 표현한 '萬有之原'이라는 현판이 걸려 있다.

신랑 두 번째 칸의 중앙에 상대적으로 큰 화강석의 팔각 세례대가 놓여있으며, 바닥은 목재 장마루로 되어 있고, 5번째 칸의 좌우 외벽에 아치형의 측면 출입문이 나있어 전체적인 라틴 십자가의 진행축을 암시한다. 건립 당시엔 회중석 중간에 남녀석을 구분하는 칸막이가 있었다.

구조는 순수한 전통 목조로서 중층구조로 되어 있으며, 지붕가구는 납도리 5량 구조다. 외벽은 기둥 사이에 적벽돌 한 장 불식쌓기로 되어 있다. 좌우 측벽의 매 칸마다 나있는 창은 쌍여닫이로 외부 유

강화성당 어제(1906년경)와 오늘

리와 내부 한지의 2중창이며 처마 아래 고주 사이에는 사방둘러 고창(clearstory)이 있다. 정면 합각지붕 아래 '天主 聖殿'의 현판이 있고, 기둥에는 '三位一體天主萬有之眞原' 등의 주련이 걸려 있다. 지붕 용마루에 목재틀에 동판을 씌운 십자가가 올려져 있으며, 목부재에는 가칠 단청이 칠해져 있다.

성공회 강화성당은 첫 사제이자 후에 대한성공회 3대 주교가 된 트롤로프(Mark Napier Trollope) 신부의 한국문화에 대한 깊은 이해와 치밀한 구상과 설계, 공사를 담당한 대궐목수의 풍부한 경험과 기술에 의해 이루어진 걸작이다. 순수한 한식 목조 건물로 서양의 바실리카식 교회 건축 공간구성을 성공적으로 구현하였을 뿐만 아니라 배치 및 외부 공간구성도 한국의 구릉지 사찰건축 배치기법을 잘 응용하였다. 토착화의 매우 귀중한 사례로서 한옥 성당의 모델이 된 건물이다.

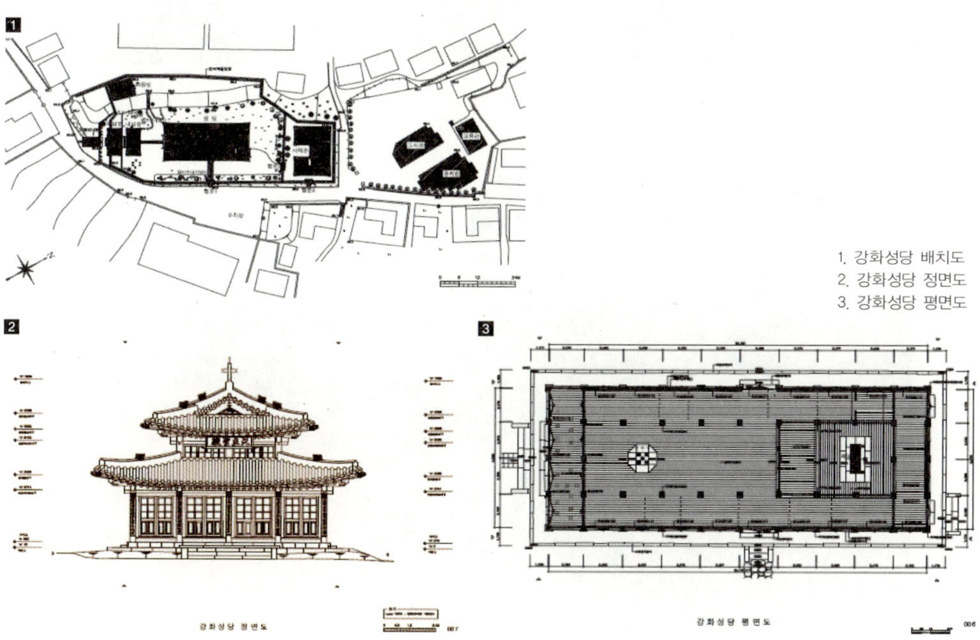

1. 강화성당 배치도
2. 강화성당 정면도
3. 강화성당 평면도

대한성공회 온수리성당
Onsuri Anglican church of Korea

인천광역시 강화군 길상면
온수리 505-7
인천광역시 유형문화재 52호

온수리성당은 강화읍 길상면 온수리 정족산 자락의 야트막한 언덕에 위치하여 눈앞에는 초지(草芝) 들판을 펼쳐두고 염하 물줄기와 서해바다가 눈에 들어온다. 이 성당은 나중에 성공회 3대주교가 된 트롤로프 신부에 의해 1906년에 건축되었다. 강화읍 성당(1900)과 유사하게 외삼문 형식의 종루를 통해 진입하나 당시 무덤이 많았던 주변의 대지조건 때문에 종루와 성당, 그리고 사제관이 일직선 축이 아니다.

온수리성당 정문은 정면 3칸, 측면 1칸이며, 강화성당의 외삼문(대문)처럼 솟을대문 형태를 취하고 있는데, 가운데 지붕은 우진각으로 처리하여 조선시대 성곽의 망루 같은 분위기를 담고 있다. 실제로 솟을지붕 아래 종을 매달고 사방으로 벽을 터서 종 소리가 퍼져나가게 꾸몄다.

온수리성당은 정면 3칸, 측면 9칸, 도합 27칸 되는 단층 팔작지붕의 일자형(一字型) 전통 한옥이다. 지붕 용마루 양쪽의 십자가 장식과 지붕 양쪽 끝 합각 벽면에 벽돌로 새긴 십자 장식을 빼놓으면 향교나 관청에서 흔히 볼 수 있는 평범한 건물형태다. 내부는 강화성당과 마찬가지로 '바실리카' 양식으로 열두 사도를 상징하는 열두 개 기둥으로 지성소와 회중석을 구분하고 있다. 그러나 강화성당 구조와 달리 측랑이 없고 회중석 가운데 복도가 남녀석을 구분하고, 후진이나 고창층 같은 전형적인 바실리카 양식요소는 생략되었다.

성당과 거의 돌아앉은 사제관은 우리나라에 성공회가 처음으로 전파되어 트롤로프 신부가 1896년 강화에 부임하여 선교를 시작하면서

2년 후인 1898년에 건축한 건물이다. 이후 사제관이 퇴락하자 1933년 원형 그대로 중수하여 오늘에 이르고 있다. 이 사제관은 영국 성공회가 선교를 시작하면서 영국인 사제가 한국 전통 주거문화 속에 어떻게 적응하고 왔는가를 짐작하게 할 수 있는 주거공간이다. 'ㄷ'자형으로 배치되어 있다.

온수리성당 내부와 제단

1, 2. 온수리성당의 어제와 오늘
3. 온수리성당의 외삼문

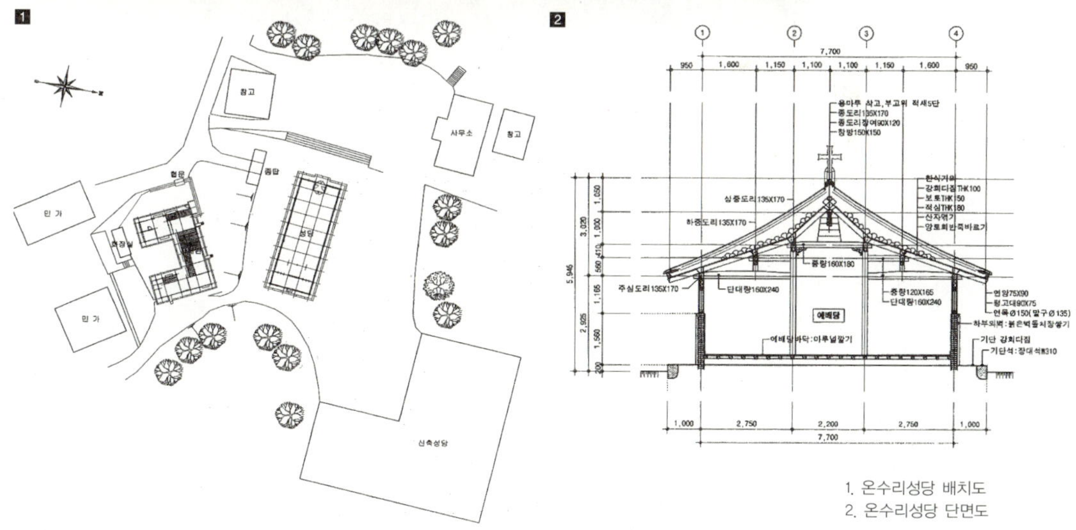

1. 온수리성당 배치도
2. 온수리성당 단면도

대한성공회 서울대성당

Seoul Cathedral Anglican church of Korea

대한성공회 서울대성당은 국내 유일한 완전한 로마네스크 양식의 건물로 내부 제단 모자이크와 공간구성이 뛰어난 건물이다. 국내에는 서양 중세양식의 교회건축물이 더러 있다. 하지만 대개가 성직자의 설계에 의한 절충 또는 변형된 양식이지만 성공회 대성당은 전문 건축가의 설계와 감독으로 국내에선 가장 양식에 충실한 건물이다.

이 건물은 대한 성공회 3대 주교인 트롤로프 주교의 주도로 영국인 건축가 아더 딕슨(Arthur Dixon, 1856~1929)이 설계하여 1922년에 착공하였으나 자금사정으로 인해 1926년 부분 준공하였으며 미완성인 채로 70여 년 사용하다가 교회 창립 100주년 기념으로 1994년에 증축공사를 시작하여 1996년 완공하였다. 애초 설계의 모습은 모델 사진이 유일한 자료였으나 영국의 한 도서관에서 원 설계도면이 발견됨으로써 원래 계획대로 건축할 수가 있었다.

서울대성당은 영국 대사관 동측, 덕수궁 북측의 완만한 경사지에 제단을 동쪽으로, 출입구 정면을 서쪽으로 향하여 자리 잡고 있다. 동측의 낮은 대지를 이용하여 지면과 동일한 레벨에 반지하 소성당(crypt)이 구성되어 있고, 그 위에 2개 층의 대성당이 있다. 전체적인 형태는 크고 작은 여러 매스가 위계적으로 조합된 이중 라틴 십자가형(Latin Cross)이다. 즉, 2개의 라틴 십자가, 4개의 앱스, 4개의 출입구 아치, 중앙탑과 인접한 2개의 작은 종탑, 그리고 각 날개의 단부 모서리의 버팀벽을 강조한 8개의 소탑 등 다양한 요소들이 위계적으로 조합되어 있다.

제단 모자이크

서울대성당 지하 소성당

구조는 벽돌 조적구조이며, 외벽을 구성하는 마감재료는 화강석과 적벽돌이다. 강화도산(증축부분은 중국산)인 화강석은 기초부와 전후면 및 측랑 단부, 처마 밑이나 아치 둘레에 쓰여졌으며, 적벽돌은 블라인드 윈도 등에 쓰이고 있다. 1층 대성당은 7개의 베이를 가진 회중석 외진(外陳)과 교차부(crossing), 내진(內陳), 그리고 1베이의 배랑으로 구성되어 있다. 내부 벽면은 열주의 아케이드와 상부 측창 클리어스토리(clearstory)의 2단으로 구성되어 있다. 신랑의 폭은 측랑의 2배이며, 클리어스토리는 각 베이마다 5연 아치창인데 가운데 한 개씩의 작은 창만 뚫려 있고 나머지는 블라인드 윈도(blind window)다. 기둥은 엔타시스를 가진 화강암의 석주로 사각형 주초 위에 원통형 주신(柱身), 그 위에 주두(柱頭)를 얹었다. 천장은 목조 왕대공 트러스이며, 측랑은 회반죽으로 마감된 그로인 볼트(groin vault)다.

성공회 서울대성당은 한국 전통문화에 조예가 깊은 주교와 영국인 건축가의 치밀한 계획 하에 설계·시공된 전형적인 앵글로 노르만 양식

의 건물이지만 매스의 위계적인 조합과 처마의 서까래 장식, 전통 격
자 창살문양, 한식 기와지붕, 스테인드글라스의 오방색 등 한국 전통
건축 요소를 섞어 씀으로써 한국적 스케일과 풍토에 잘 어울리는 훌
륭한 건축물이다.

1. 서울대성당 동측 앱스 외관
2. 서울대성당 내부
3. 서울대성당 외벽 디테일

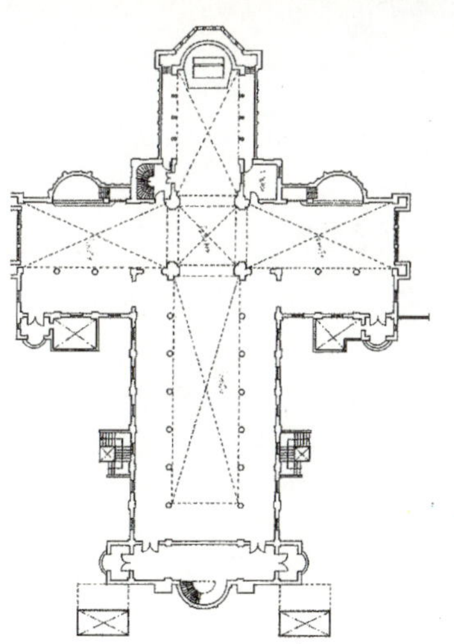

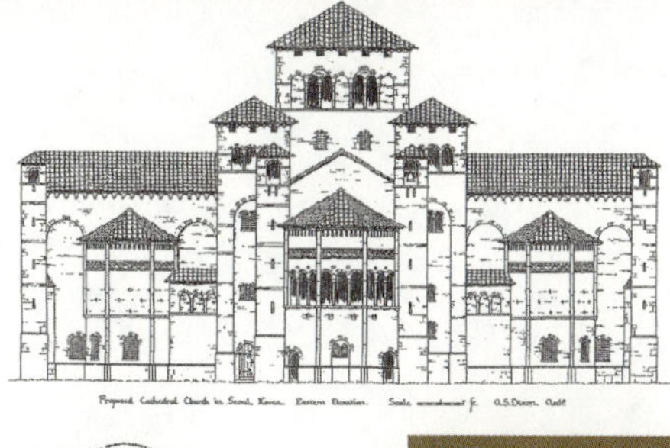

서울대성당 평면도·입면도·
스케치

대한성공회 수동성당

Soo-Dong Anglican church of Korea

충청북도 청주시 상당구 수동 202
유형문화재 제149호

대한성공회 수동성당은 청주시가 한눈에 내려다보이는 와우산 자락 작은 동산에 자리 잡고 있다. 청주에 성공회가 설립된 것은 1922년이며 1935년에 이 성당이 건립되었다. 당시 대한성공회 주교였던 세실 쿠퍼(한국 이름 구세실) 주교에 의해 1935년에 완성되었다. 한옥 성당이지만 유럽의 건축양식이 절충되어 있고, 규모는 32칸이다.

성당은 낮은 기단 위에 사각형의 주춧돌과 사각 기둥을 세운 목조 한옥건물이다. 건물은 정면 4칸, 측면 8칸의 9량이 납도리형의 겹처마 팔작지붕의 형태를 띠고 있다. 외벽의 하부는 붉은 벽돌로 쌓았고 상부는 시멘트 모르타르로 마감하였다. 내부는 중앙에 2열로 고주를 세우고 양쪽에 퇴보를 걸어 측랑을 만든 삼랑식의 성당 내부를 구성하고 있다. 창문은 상부를 아치형으로 꾸몄으며 출입문의 상부는 네모의 교살창으로 되었다.

출입구는 정면 양 툇간이며 가운데 두 칸은 세례대가 놓여 있다. 강화 성공회 성당과 마찬가지로 장방형 성당의 동쪽 끝에 후진을 두었으며 마지막 칸은 제의실로 쓰인다. 천장은 서까래가 노출된 연등천장이다.

수동성당 배면 및 내부

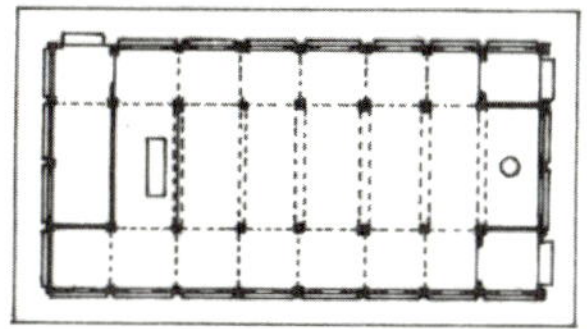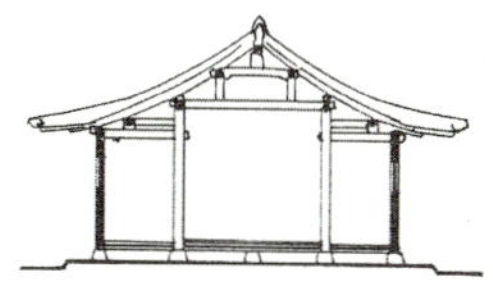

수동성당 평면도 및 단면도

둘,

그리스도교의 수용과
교회건축의 발전

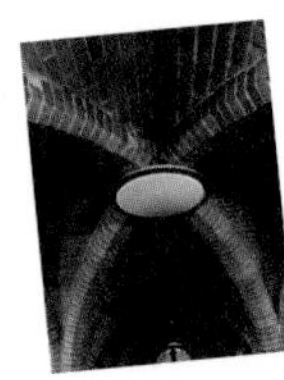

한국은 오랫동안 자연관, 토속신앙, 풍수지리 사상, 불교적 세계관, 유교적 자연관과 사고를 바탕으로 발전하여 왔으며, 인접한 중국과 일본과는 확연히 다른 고유한 건축문화를 이룩하여 왔다. 이러한 전통적인 한국의 건축문화는 19세기 후반부터 새로운 변화의 징후가 뚜렷이 나타났고, 개항 이후 외래 건축문화가 본격적으로 유입되었으며 그 과정에서 전통사회에서 전혀 경험하여 보지 못한 새로운 유형의 건축이 등장하였는데 그중에서도 교회건축의 충격과 영향이 가장 뚜렷하였다.

그리스도교의 전래와 수용

우리나라에 그리스도교가 들어온 것은 제1차 단계의 서세동점을 배경으로 해서 중국을 통해 들어온 것이다. 중국은 명(明) 말 마테오 리치(Matteo Ricci)를 비롯한 예수회 선교사들의 적응주의적 선교에 의해 천주교가 소개되었다. 예수회 선교사들은 근대 서구 과학, 기술을 매개체로 하여 사대부들에게 접근하였으며, 사대부들 역시 당시 17세기가 국가의 쇠퇴기였기 때문에 호국이라는 점을 크게 의식하였다. 따라서 상당수의 관심자, 수용자는 학문에 더 주력하였고, 천주교 수용자도 유교적인 바탕에서 그리스도교를 수용한, 즉 유교 위에 덧붙인 그리스도교를 받아들인 것이다.

이러한 적응주의적 방법–보유론(補儒論)–은 선유(先儒)에의 접근을 꾀하는 동시에 후유(後儒, 朱子學), 불교, 도교를 배척하였기에 상대적으로 그 계통 인사들로부터 배척을 받았고, 17세기 후반에 그 비판이 심했다. 그리고 많은 천주교 의례(儀禮)나 의식(儀式)도 중국적인 것으로 적응되었기에 적어도 예수회적인 전교 방법에서는 그런 것들이 문제시되지 않았으나 도미니코회와 프란치스코회 등 타파의 반발에 의한 의례 문제가 발생하였고, 100여 년 간의 논쟁 끝에 결국 로마로부터 단죄되고 말았다. 1720년경에는 300개의 성당과 30만의 신자를 지니게 되었으나 중국 의례의 단죄(1724년), 예수회의 해산(1775년) 등으로 중국 천주교는 쇠퇴하기 시작하였다.

우리나라 천주교 수용은 17세기 초부터 부연사행(赴燕使行)1)을 통해 먼저 학문(西學)으로 소개되었다. 그리고 1세기 반 이상에 걸친 학문적 접촉과 연구를 통해 18세기 후반에 종교로 발전하였다. 선교사의 전교

없이 오로지 한역 서학서(漢譯西學書)2)를 매개로 하여 자발적으로 교회가 창설되는 데는 전통적인 종교 경험이 천주의 존재 승인을 가능케 하기도 하였으나 무엇보다 당시 조선 후기의 사회 변동과 문화 변동 현상이 그 원인으로 작용하였다.

당시의 사회는 신분제적 질서가 급격히 붕괴되어 나가고 지역 간의 인구 이동이 빈번하여 졌으며 도시가 형성되기 시작하였다. 한편 전염병과 기근 등으로 인해 민중의 생활은 극히 불안정하였던 것이다. 또한 당시의 성리학은 당쟁유학(黨爭儒學)으로 전락되어 지도이념으로서의 가치를 상실하게 되자 일부 지식인들은 새로운 지도이념을 모색하게 되었다. 한편 당시는 민중의 각성과 더불어 새로운 민중문화가 성장해 가고 있었다. 이러한 18세기의 사회 및 문화 변동으로 새로운 사회에 적합한 새로운 사상 체계를 모색하게 되었으며, 여기에서 천주교 신앙은 성리학적 질서를 극복해 줄 수 있는 새로운 신앙으로 인식되기에 이르렀고, 한국 천주교회는 창설될 수 있었다.

천주실의(天主實義): 마테오 리치 신부가 저술한 한역 서학서로서 중국 고전을 인용하여 서양의 그리스도교를 동양에 소개한 호교서다. 우리나라에는 17세기에 전래되어 조선 후기 학자들에 의해 새로운 학문으로 수용되었고, 다시 천주교 신앙으로 이어졌다.

칠극(七克): 예수회 신부 판도자(D. Pantoja)의 저술로 죄악의 근원이 되는 칠죄종을 극복하는 일곱 가지의 덕행을 다룬 일종의 수덕서다. 한글로 번역되어 애독되어 왔다.

---

1) 중국 연경(燕京, 지금의 북경)으로 파견되던 조선시대의 외교사절로 동지사(冬至使), 정조사(正朝使) 등의 정기 사행(使行)과 사은사(謝恩使), 주청사(奏請使) 등의 비정기 사행이 있었다.

2) 명말(明末) 청초(淸初)에 이르는 시기(16세기 말~18세기 말)에 서양 선교사들과 일부 중국 학자들이 천주교 전파와 서양문명의 소개·전달을 목적으로 서양의 종교 과학서를 한문으로 번역하거나 직접 저술하였다. 이들 한역서학서는 마테오 리치의 『천주실의』(1603)을 비롯하여 총 400여 종에 이른다. 특히 조선에 소개된 천주교 교리서는 『천주실의』, 『칠극』, 『교우론』, 『성경직해』 등을 비롯하여 60여 종에 이르렀으며, 『기하원본』, 『치력연기』, 『서학범』, 『기기도설』 등의 과학기술서, 『곤여만국전도』, 『양의현람도』 등의 한역세계지도, 『직방외기』, 『서방요기』 등의 지리서도 있었다.

천주교의 창설과 박해

한국 교회는 1784년 이승훈(李承薰)이 북경에서 영세하고 귀국하여 이벽, 김범우 등에게 전교하여 영세를 주고, 영세자들과 같이 종교 집회[3]를 가지고 신앙 공동체를 구성함으로써 시작되었다. 그러나 이미 18세기 후반은 예수회적인 방법은 폐지되었으므로 중국화된 천주교가 아닌 좀 더 본연의 천주교에 접근하는 시기였기에, 이때 도입된 방법론은 조선의 사회 문화에 마찰과 충격을 가져오게 되어 혹독한 박해와 수많은 교난을 겪게 된다.

천주를 만유(萬有) 위에 받들고, 그에 대한 절대적인 신앙을 요구하는 천주교는 당시 국교의 성격을 띤 유교사회의 윤리와는 근본적으로 대립되는 것이었다. 보편성을 요구하는 천주교의 근대적 평등사상은 충효를 숭상하는 가부장적(家父長的) 봉건윤리와는 충돌이 될 수밖에 없었다. 정교(政敎)가 합일된 조선왕조의 유교사회에 있어서 종교는 사사(私事)일 수 없고 어디까지나 국사의 일부를 구성하는 것이었다. 그러므로 공(公)생활 면에서 천주교와 유교 간에 대립은 불가피하였고 조선왕조의 정치, 사회, 가족 등 모든 제도가 유교의 관습제도와 아주 밀접하게 결합되어 있었던 만큼 그 대립은 일층 심각한 것이었다.

천주교에 대한 박해가 시작되면서 신자들은 '전통적인 유교 가치와 질서에 대한 도전자'로 인식되었고, 여기에서 그들은 자신들만의 비밀

---

3) 서울 수표교 이벽(李檗)의 집에서 이벽, 정약전, 정약용, 권철신, 최창현 등이 이승훈으로부터 영세를 받았고, 1785년 명례방의 역관 김범우의 집(명동 외환은행 본점 부근)에서 이승훈, 이벽 등 수십 명이 모여서 신앙 집회를 가짐으로써 한국 천주교회는 창설되었다.

집단으로서 '신앙 공동체'를 형성하지 않으면 안 되었다. 천주교에 대한 금령으로 인해 신자들은 조정으로부터, 그리고 일반 민중들로부터 소외되거나 질시의 대상이 될 수밖에 없었기 때문이었다. 그 후 박해가 점점 가혹해지면서, 신앙 공동체로서의 비밀 교회마저도 곧 관원들에 의해 적발되었고, 이에 따라 신자들은 신앙을 보존·유지하기 위해 본 고장을 떠나 다른 지방으로 유랑하지 않으면 안 되었다. 그러나 낯선 지방—대부분 산간지대였지만—에서도 그들은 곧 새로운 신앙 공동체를 형성하였으니 이것이 바로 '교우촌'이라 일컬어지는 것이다.

극심한 박해로 산간벽지로 몸을 숨긴 신자들은 신앙에 대한 갈망으로 몰래 기도문을 암송했다. 당시 신앙고백이요, 참회, 선교의 노래인 '천주가사'는 제대로 된 교리교육을 할 수 없었던 박해기에 특히 글을 모르는 신자들을 가르치는 데 효율적으로 활용되었다.

위정자들에 의한 박해는 이러한 사상적, 사회적 갈등 외에 때로는 당쟁(黨爭)에 기인하는 정치적 문제와도 결부되면서 혹심하게 전개되었다. 1785년 을사(乙巳)박해를 비롯하여 신해(辛亥)박해(1791년), 을묘(乙卯)박해(1795년), 신유(辛酉)박해(1801년), 을해(乙亥)박해(1815년), 정해(丁亥)박해(1827년), 기해(己亥)박해(1839년), 병오(丙午)박해(1846년), 경신(庚申)박해(1860년), 병인(丙寅)박해(1866년)와 민란에 의해 피를 흘린 신축교난(辛丑敎難, 1901년) 등 잇단 수난으로 1만여 명의 순교자가 생겨났다.

계속된 박해 속에서 교회는 상류층의 지도자를 잃었으나, 교세는 무식하고 가난한 서민층으로 더욱 확대되었다. 따라서 신앙도 종래 지식층의 보다 윤리 중심적인 신앙에서 일반 민중의 보다 복음적이고 실천적인 신앙으로 변질되어 갔다. 또한 박해 때마다 도시를 떠나 산간벽지로 이주하게 되니 애당초 도시 종교로 출발한 천주교는 점차 농촌의 종교로 변질되어 현실을 외면하는 경향이 짙어갔다.

교우촌: 박해를 피해서 궁벽하고 외진 곳에 교우촌을 형성하여 성직자가 없는 시기임에도 불구하고 굳은 신앙심으로 뭉쳐 하느님의 자녀로 살았다. 양반도 중인도 없었으며, 남성과 여성, 남편과 아내가 상하 수직관계가 아니라 수평적 관계였다. 1801년 신유박해를 전후한 시기에 충청도·경기도·경상도·강원도 남부의 산간지대에서 교우촌이 형성되기 시작하였으며, 1930년대 초에는 전라도지역과 경상남도 남부 지역까지 확대되었다. 박해시기의 교우촌은 순교의 터전이요, 그 지역 교회의 중심지였으며, 성직자들의 피난처요 활동근거지였다.

주문모(周文謨) 신부의 순교(1801년) 이후 30여 년이 지나도록 포르투갈 선교사의 영향 아래에 있던 북경교구가 한 명의 선교사도 파견하지 않자, 교황청은 한국 교회를 자멸에서 구하고 발전시키려면 우선 한국 교회를 북경교구에서 독립시키는 것이 긴급하다고 판단하여, 한국 교회를 맡아줄 선교사를 물색하면서 1831년 조선대목구를 설정하니 최고 목자(牧者)인 교황에 의해 하나의 지역 교회로 법적인 인정을 받아 한국 천주교회사의 새 기원을 열었다. 이리하여 이미 172년의 아시아 선교 역사를 지니고 있던 파리 외방전교회가 한국 사목을 맡게 되었다. 이로써 ‘성직자 없는 교회’, ‘미사 성제(聖祭) 없는 교회’로 표현되었던 한국 천주교회는 ‘사도로부터 이어온 사도전승(使徒傳承)의 교회’, ‘교계제도(敎階制度)에 의한 완전한 교회’로 출발하게 되었다.

그리스도인의 삶과 사명의 기초는 기도다. 그것은 개인 기도뿐만 아니라 공동 전례, 특히 성찬의 전례 안에서 찾게 된다.

전례는 교회 활동이 지향하는 정점이며, 모든 힘이 흘러나오는 원천이다. … 전례 특히 미사 성제에서 흡사 샘에서와 같이 우리에게 은총이 흐르고, 또한 여기서 성교회의 모든 활동 목적인 성화와 하느님의 영광이 그리스도 안에 가장 효과적으로 실현되는 것이다.[4]

한국의 첫 신자들은 처음부터 제2차 바티칸 공의회가 뒷날 강조하며 권장하는 바와 같이 공동체의 전례를 의식적이고 능동적이며 또한 효과적으로 실천하고자 하였다. 아직 성세성사조차 받지 못했던 사람들이 천진암의 주어사 강학회 중에 공동 기도를 시작하였으며, 이승훈의 귀국 후 성세성사를 받은 동료들과 함께 이룬 신앙 공동체의 중심도 공동전례였다. 1785년 봄 '을사추조적발(乙巳秋曹摘發)'이라 불리는 명례방 김범우 집의 공동 신앙 집회 발각 사건 이후 이러한 모임은 잠시 주춤하였으나 비밀 예배 집회는 계속되었다.

'가성직제도(假聖職制度)'라 불리는 조직도 전례, 성사 생활에 대한 열성과 활성화의 욕구에서 빚어진 선의의 오류라 할 수 있다. 실로 그 조직은 짧은 기간 동안이나마 전교 활동과 신자들의 전례 및 신앙생활에 크게 기여했던 것이다.

---

4) 전례헌장 10항.

박해시대엔 물론 공적인 교회건축이 불가능하였다. 그러나 매우 조직적인 초기 교회는 상상하기 힘들 정도의 박해 속에서도 매우 실천적인 신앙생활을 영위하였음이 여러 문헌과 유물들에 의해 증명되고 있다. 당시 공동의 공식 예배는 첨례(瞻禮)5)를 중심으로 실시되었다. 신자들은 첨례를 위해 특정한 장소―공소(公所)―를 마련하였으며 일정한 규식과 절차를 갖추고 있었다.

첨례 장소로는 신부가 상주하는 집이 본당의 구실을 하였지만, 일반 신자의 사가(私家)를 이용하기도 하였고 특별히 공소의 목적으로 건축하기도 하였는데, 그중에는 번화가에 있는 중인들의 약국이 첨례 장소의 구실을 하기도 하였다. 당시 공소의 형태나 내부 구조를 자세히 밝힐 수 있는 자료는 없으나 일반 한옥과 전혀 다를 바 없으리라 추측된다. 다만 내부 치장에 의해 전례 공간의 분위기를 도모했음이 다음과 같은 논고에 의해 입증되고 있다.

첨례 장소를 장식하는 데 대하여 또는 첨례를 보는 방법에 대하여는 신자들의 진술이 그리 많지 않으나 이를 간추려 보면 다음과 같다. 첨례를 보기 위해 수일 전부터 각처에서 남녀 신자들이 첨례 장소에 모여들었다. 첨례일에 앞서 장소를 청소하고 벽에 장막이나 휘장을 치고 예수의 화상이나 수난상이 그려진 족자를 걸어 놓고 방 안에는 방석을 깔았다. 그리고 상탁(床卓)을 마련하고 촛불을 켜 놓았다. 그러면 신부가 상 앞에 서서 경문을 읽고 복사가 참좌(參坐)하였다. 신자들은 관을 쓰고 경문책을 손에 들고 꿇어앉아 예수상에 예

---

5) 당시는 '미사'라는 말 대신에 축일의 뜻인 '첨례'라는 용어를 사용하였다. 초기 교회에서는 주일과 미사까지도 포함시켜 보다 넓은 뜻으로 사용하였다.

배한 다음 도문(桃文) 등의 경문을 수차 외우고 나서 첨례를 파하였다. 가중(家中)의 여교우들은 창 밖에서 첨례하여야 했다.[6]

계속된 박해를 피해 산간 벽지로 피난한 신자들은 교우촌을 형성하면서 화전을 개간하고 담배를 재배했으며, 옹기를 구워 생계를 유지하였다. 특히 옹기점은 신자들 간의 연락 장소로 적합하였으며 전주(錢主)의 역할을 겸할 수 있었고, 옹기 속에 각종 성물이나 교회 서적을 감추어 전할 수 있었기 때문에 옹기 산업은 신자들의 생계 해결과 동시에 선교의 효율적인 수단이 될 수 있었다.이러한 신앙촌의 첨례 장소로 옹기굴과 숯굴 및 천연 석굴이 이용되기도 하였다.

한옥 사가(私家)나 서당, 약국 등에서 비밀리에 집회를 가졌던 박해기에는 건축물 자체보다는 병풍, 휘장, 족자 등의 가변적인 내부 치장으로서 전례 공간의 요구에 대응하였다. 교회건축이 불가능하였던 이 시기는 전례의 기능만을 수용하였는데 유교적 제사 의식과 무속 신앙의 제장 공동체적(祭場共同體的) 경험이 몸에 밴 한국인에게 있어서 가톨릭의 전례는 별무리 없이 수용될 수 있었다. 당시의 전례 형태는 서양 초대 교회와 유사하게 사제를 중심으로 둘러앉아 모든 신자들이 성사에 적극적인 참여가 가능한 형태였다.

이렇듯 박해시대에는 공적인 교회건축이 성립되지는 못하였지만 창의적이고 조직적이며, 대중적이고 자율적이며, 실천적이었던 초기 교회의 평신도 사도직적 전통은 한국 천주교회 발전과 다음 시기의 교회건축 형성에 밑거름이 되었다. 또한 우리 선조들의 신앙고백이요, 참회, 선교의 노래인 '천주가사'와 우리나라 특유의 음율로 전통의 곡(哭)

---

6) 최석우, 『한국 천주교회의 역사』, 분도출판사, 1981, 63쪽.

음율과 그리스도교의 기도문이 절묘하게 합쳐진 '연도'가 이 시기에 형
성되었다. 이는 우리나라의 음악사, 문학사에서도 중요한 위치를 차지
할 뿐 아니라 '동서융합의 탁월한 무형유산'으로 세계사적인 가치가 있
다. 이 100년 간의 박해시대는 서양 교회건축사에 있어서 초기 300년
간의 카타콤(catacomb)시대에 비유될 수 있을 것이다.

죽림굴: 한국판 카타콤바로 발견
된 천연 석굴. 경남 울주군 상북면
갈월산 중턱에 있다. 이 굴은 대
재공소(1840~68)의 경당으로 사
용되었는데 내부 길이 40여m, 높
이 3~4m로 200명 정도가 들어갈
수 있었으며, 입구가 폭 4m, 높이
1.5m로 좁아 밖으로부터 은폐된
천혜의 비밀 예배 장소였다.

개항(1876년) 이후 일련의 열강과의 조약과 함께 이루어진 한불수호조약(1886.6.4)은 한국 천주교회가 100년 만의 지하 교회에서 나와 그렇게도 열망해 마지않았던 신앙의 자유를 불완전하나마 어느 정도 누릴 수 있게 하였다. 이 조약에서 프랑스의 주요 관심사는 다른 서구 열강처럼 통상에 있지 않았고, 재한 프랑스 선교사 및 한국 천주교인을 위해서 선교의 자유를 법적으로 인정받으려는 데 있었다. 그래서 프랑스 측은 처음부터 선교 자유를 골자로 하는 '그리스도교 조항'을 협상 조건으로 내세웠으나 한국 측의 완강한 반대에 부딪혀 부득이 이 조건을 철회하지 않을 수 없었다. 다만 재한 프랑스 선교사 문제를 둘러싸고 일어날 수 있는 박해를 미연에 방지할 수 있는 조항을 조문에 삽입하는 데 그쳤다.

그러나 프랑스 선교사들은 선교사로서가 아니라 프랑스 국민으로서 여행과 정착의 자유를 가질 뿐 아니라 개항지에서나마 장차 성당을 건립할 대지를 매입하고 소유할 수 있는 권한을 부여받게 되었다. 이에 따라 최초의 본당인 서울의 종현(현 명동) 본당을 비롯하여 제물포, 부산 등 개항지에 잇달아 본당이 설립되었으며, 주교좌 성당 구내에 고아원, 양로원이 세워지고 이의 효율적인 관리를 위해 프랑스 수녀들이 들어왔다(1888년, 샤르트르 성바오로수녀회).

또한 교세가 점차 확대되어 한반도 전체와 만주의 간도 지방에까지 이르게 됨으로써 1887년에는 원주 부엉골의 예수성심학교를 용산으로 이전하고 한국인 성직자 양성에 박차를 가하게 되었다. 그러나 교세의 확장 과정에서 선교사와 민간인 또는 지방 관리, 교인과 민간인, 교인과 지방 관리 사이에 수많은 교안(敎案)7)을 낳게 하였다. 약 300건에 이르는 이들 교안은 대체로 ① 프랑스 선교사들의 국내 여행과 전교 활동에 대한 지방인의 반발, 축출, 폭행 소동, ② 정부의 박해 정책 종식에 대한 몰이해와 반발에서 취해지는 지방 관리들의 부당한 조치, ③ 전통적인 박해 의식을 고집하는 유림 지방민 또는 보수 세력에 의한 반서교(反西敎) 행동, ④ 치외법권을 누리는 양대인(프랑스 선교사)의 그늘 아래서 사리를 취하는 비행 교인들의 행각, ⑤ 교·민간의 각종 분쟁과 송사에 있어 교인을 옹호하고자 하는 프랑스 선교사들의 과잉 행위 등에서 비롯되었다.

한불조약 체결 이후 끊임없이 발생해 온 교안을 원만히 해결하기 위하여 교회와 조선 정부 사이에서는 그 해결책의 일환으로 교민조약을 체결했다. 1899년에 체결된 이 조약에 의해 정치적 사항과 종교적 사항의 분리가 처음으로 명문화되었으며, 내국인의 신교 자유가 전제되고 교인에게도 비교인과 동등한 권리와 의무가 인정되었다. 이어 1904년 외부 대신과 프랑스 공사 사이에 선교조약을 체결함으로써 내국인에 대한 신교의 자유를 공인하게 되었다. 따라서 전국 어느 곳에서나 프랑스 선교사들은 본당의 설립 등 지방 정착권도 법적으로 인정받게 되었다.

---

7) 교안이란 유교적 동양 전통사회에 있어서, 개항 정책에 따라 서구 열강과의 외교적 관계가 맺어진 후 반그리스도교의 사회 분쟁이 외교적 절충을 거쳐 해결된 사안을 뜻한다.

종교개혁을 통해 중세 로마 가톨릭과 결별하여 출발한 개신교는 제도 교회의 권위보다는 성서와 개인의 신앙을 중시한다. 이러한 특성은 한편으로는 개신교의 독특한 신앙 내용을 형성하고 그 생명력을 부여하는 원천이 되어 왔다. 그러나 다른 한편으로는 이 점 때문에 성서에 대한 해석의 차이를 둘러싸고 또 다양한 형태로 표출되는 개인의 신앙 경험을 둘러싸고 무수한 교단과 교파로 분열되어 왔다.

한국의 개신교는 100년간의 천주교 박해가 끝난 다음 1885년에 이르러서 장로교의 언더우드(Underwood, H. G. 1859~1916), 감리교의 아펜젤러(Appenzeller, H. G. 1858~1902)가 한국 땅을 밟으면서 출발하였다. 미국, 캐나다로부터 들어온 개신교는 청교도적인 성실한 삶과 경건주의8) 신앙을 특색으로 하며, 의료사업과 교육사업, 네비우스 선교정책, 대부흥운동과 3·1운동 등을 통해 급속히 성장하였다.

선교사들의 선교활동을 통해 정착한 장로교, 감리교, 성공회, 성결교, 침례교, 구세군, 오순절교회, 안식교 등이 한국 개신교의 주요 흐름을 형성해 왔다.

1960년대 이후 한국 개신교는 '하나님의 선교신학'에 근거한 에큐메니컬 운동적 차원과 '순복음주의 신학'에 근거한 한국의 복음화 운동적 차원에서 교회 공동체의 길을 가고 있다.

개신교 계열에 속하는 영국으로부터 들어온 성공회는 전례와 교회

---

8) 서구의 기독교 문명에서 과학이나 정치, 그리고 문화적 우월성이라는 생리를 제거하고, 또다른 한편 종교적 열정도 제거해서 순수한 복음적 삶만을 중추로 삼는 신앙이다.

건축 양식의 정통성을 추구함과 동시에 한옥 성당이라는 토착화의 훌륭한 모델을 보여주기도 하였다. 그 외 교회건축은 다양한 교파에 비해 건축적인 특징이 명확하게 드러나지 않으며, 도시 교회의 대형화, 세속화 문제를 안고 있기도 하다.

2005년 현재 한국의 개신교는 170개의 교단에 신자수 15,200천 명, 교회수 52,354개소다. 각 교단별 교인수의 비율은 장로교(64.4%), 감리교(10.3%), 성결교(10.5%), 침례교(4.9%), 기독교하나님성회(4.4%), 기독교장로회(3.5%), 기타(2.2%) 순이다.[9]

장로교

종교개혁 당시 칼뱅(Calvin, J.)의 신학과 신앙 고백을 중심으로 하여 발전한 개혁교회의 한 지파다. 핵심적인 주장은 '신적인 섭리와 주권'에 대한 확고한 고백에 있으며, 최고의 표준은 칼뱅 신학의 특징인 하나님의 말씀에 두고 있다. 즉, 성서의 말씀을 교회와 전통의 권위 위에 두고, 성서를 정확하고, 무오한 것으로 받아들인다. 장로(長老)들에 의한 정치를 통해서 신정정치(神政政治)의 이상을 지향하고 있으며, 교회정치의 유형으로 회중제도와 감독제도의 중간 형태에 해당한다. 장로들의 협의체인 장로회는 대의 민주주의의 이상을 지향하고 있다. 신자들에 의해서 선출된 장로가 목사와 함께 교회의 치리(治理)를 담당한다.

한미수교 이전 장로교 선교사들의 한국인들과의 접촉, 만주의 스코틀랜드 선교사 로스의 한국성서 번역과 서상륜 등의 입교, 자생교회인 '소래교회'의 설립(1884) 등이 있었으며, 미국 장로교회의 선교 활동을 통해 본격화되기 시작하였다. 1884년 미국 북장로회 소속의 의료

---

9) 종교유형별 교세통계(『2008 한국의 종교현황』, 문화체육관광부, 2009) 참조.

선교사 알렌(H. N. Allen, 1858~1932)이 입국하여 의료선교활동을 펼쳤으며, 1885년에 장로교 선교사 언더우드가 감리교 선교사 아펜젤러와 함께 입국함으로써 본격적인 선교 활동이 시작되었다. 1889년에 오스트레일리아 장로회, 캐나다 장로회, 1892년에는 미국 남장로회가 한국 선교 활동을 개시하였다.

이들 4개 선교부는 선교 구역 분할 등 연합적인 선교 정책을 펼쳤는데 미국 북장로교 선교회는 낙동강 이북의 경상남북도 지방과 평안도·황해도의 서북지방을, 미국 남장로회는 호남지방, 오스트레일리아 선교회는 경상남도 지방을, 캐나다 선교회는 함경도와 만주 동북 지방을 각각 담당하였는데, 이러한 선교 지역 분담은 감리교와도 협의하여 이루어졌다.

장로교는 교육 및 의료선교 활동을 통해서 학교와 병원으로 상징되는 '근대'문명의 전파에 상당한 공헌을 하였고 일제강점기에는 독립운동과 민중계몽운동에 중요한 역할을 담당하였으며 일제 말기에는 종교 탄압 및 회유정책에 말려들어 수난을 당하기도 하였다.

8·15광복이 되자 교회는 재건과 부흥에 힘썼다. 그러나 곧 장로교회 안에서는 내분이 일어나기 시작하여 분열이 생겼다. 원인은 복합적인 것이기는 하나 대체로 보수·진보의 신학적인 면과 교권 장악의 정치적인 면으로 집약된다. 1952년 고신파(高神派)의 분립, 1953년 조신파(朝神派, 한국기독교장로회)의 분립이 있었으며, 1959년에는 '대한예수장로회 합동'측과 '대한예수장로회 통합'측이 각각 분립하였다. 그리고 합동측 장로교 안에서 분열이 계속되어 장로회는 40여 개의 교단이 존재하며 신학교도 난립되어 우후죽순처럼 생겨났다.

주요 신학교로 고신대(고려신학교), 한신대(조선신학교), 총신대(총회신학교), 장신대(장로회신학교) 등이 있다.

감리교

18세기 영국 국교회 내의 종교부흥운동에서 발전한 프로테스탄트의 한 교파로서 존 웨슬리(Wesley, J.)가 창시하였다. '감리회(Methodist: 방법주의자)'라는 명칭은 경건·박애주의를 표방한 옥스퍼드 대학의 신성회(Holy Club) 회원들을 조롱하는 뜻에서 붙인 이름이다. 웨슬리의 신학과 신앙 노선을 따르는 감리교인들은 웨슬리의 표어인 '기독자의 완전'을 향한 체험신앙을 강조하면서 말보다는 사랑의 행동을 앞세운다.

한국 감리교의 선교 시작은 한국 개신교의 선교 시작이 된다. 1884년 미국 감리교 선교사인 매클레이(Maclay, R. S.)가 서울에 와서 당시 개화당의 지도자인 김옥균(金玉均)을 통하여 고종에게 감리교회의 선교사업에 대한 윤허를 요청하였고, 고종은 교육사업과 의료사업에 국한시켜 이를 허락하였으며, 1885년 미국 북감리회 선교사 아펜젤러(Appen-zeller, H. G.) 부부가 장로교의 언더우드(Underwood, H. G.)와 함께 인천에 상륙함으로써 본격화되었다.

광혜원(廣惠院, 1885), 배제학당(1885), 정동감리교병원(1885), 이화학당(1886), 정동제일교회(1897) 등 교육선교와 의료선교를 통해 성장한 감리교회는 일제강점기에는 서울 남대문의 상동감리교회를 중심으로 민족운동에 앞장섰으며, 3·1운동으로 인한 일제의 감리교에 대한 핍박은 더욱 가중되었는데, 수원지방 제암리감리교회의 대학살사건이 그 대표적인 예가 된다.

현재 한국 감리교회는 해방 후 한때 교파 분열의 역사에도 불구하고 단일조직의 교회로 성장하였다. 교파주의적 선교를 지양하고, 순수 선교의 방향으로 나아가기 위하여 1987년 다원제감독제도(多元制監督制度)를 채택하고, 연회 중심의 선교 활동을 할 수 있도록 기구와 헌법을 개정하였으며, 다시 1980년 총회에서는 연회를 행정구 단위로 개편, 조직하였다. 전국 5,600여 개의 교회에 150여만 명의 신자가 있다.

성결교

19세기 말 미국에서 웨슬리(Wesley, J.)의 완전주의적 입장을 강조하며 형성된 교파다. '성결'은 라틴어 '거룩한'(santus)에서 파생된 말이다. 완전주의적 입장이란 기독교인은 내적인 악한 생각뿐만 아니라 외적 죄로부터도 자유로울 수 있어야 하며, 신자는 완전한 성결에 이를 수 있다는 것이다. 따라서 죄 없이 완전한 기독교적 삶을 이루게 해주는 회심(回心)의 경험이 중요하게 부각된다. 성서의 무오류성·축자영감설, 그리스도의 임박한 재림 등을 신뢰하는 근본주의적 신앙을 지니고 있으며, 세속적 관습으로부터 거리를 두는 분리주의적 입장을 취한다.

한국의 성결교회는 동경(東京)의 동양선교회 성서학원을 졸업한 김상준(金相濬), 정빈(鄭彬)에 의해 1907년 동양선교회복음전도관(東洋宣教會福音傳道館)을 세우고 전도를 시작하면서 이루어졌다. 따라서 한국의 성결 교회는 외국인 선교사들 간의 갈등을 막기 위해 제정된 네비우스(Nevius) 정책의 선교구역 제약을 받지 않았다. 자주적·비교파적·직접전교의 전통을 이어받아온 한국 성결교회는 신생(新生)·성결(聖潔)·신유(神癒)·재림(再臨)을 성경해석의 요체로 삼고 있으며, 현재 기독교대한성결교회와 예수교대한성결교회를 합해 4,800여 교회에 150여만 명의 교인이 있다.

침례교

청교도(Puritanism)에 가담하였다가 네델란드로 망명하여 영국 성공회로

부터 분리를 주장한 존 스미스(John Smyth)가 암스테르담에서 그의 추종
자들을 모으면서 시작된 침례교는 물 속에 담그는 침례식을 통해 세
례를 주고 있으며 모태교인(母胎敎人)을 인정하지 않기 때문에 유아세례
를 거부하고 있고, 침례식과 성찬식만을 성사로 인정한다. 그렇지만 성
찬식에 대한 입장에서는 다른 개신교 교파들과 상이한 측면을 지니고
있다. 조직적인 측면에서 침례교는 철저한 개교회주의(個敎會主義)를 지
향하며 교단조직이 중앙집권적인 형태가 아니라 회중제도라는 민주적
인 형태를 지니고 있기 때문에 성직자와 평신도는 기본적으로 동등한
권한을 가진다.

한국침례교회는 1889년에 파송된 캐나다의 독립 선교사 펜위크(Fen-
wick, M. C.)와 더불어 시작되었으며, 현재 한국전쟁 후 미국 남침례교회
가 처음 설립한 서울침례교회를 비롯해 2,100개의 교회가 있고, 전체
교인은 60여만 명이다.

성공회

성공회(Anglican Communion)는 16세기 종교개혁을 통하여 교황권의 관할
청과 교리상의 지배에서 분리되어 나온 3개 교회집단(성공회, 루터교, 개혁
교회)의 하나로 로마 가톨릭도 아니고, 일반 프로테스탄트도 아닌 중간
위치에서 양쪽을 포용하는 성격을 가지고 있으며, 영국 교회를 모교회
로 하여 그 역사의 뿌리가 중세기 이전 영국 역사에까지 뻗어 있다. 오
늘날 성공회는 로마 가톨릭에 가까운 앵글로 가톨릭(Anglo Catholic) 전통
의 고교회파(High Church), 개신교 전통을 중심으로 복음주의 노선인 저
교회파(Low Church), 그리고 이 양자 중 아무것에도 속하지 않는 광교회
파(Broad Church)가 있다.

영국으로부터 전래된 대한성공회는 로마 가톨릭에 가까운 앵글로 가톨릭(Anglo Catholic) 전통의 고교회파(High Church)에 속하며, 성사와 전례를 중시하는 고교회파 성공회의 건축적 전통은 로마 가톨릭과 유사하다. 성공회의 한국 선교는 다양한 선교단체들이 참여한 일본이나 중국과 달리 영국의 '해외복음 선교협의회(SPG: The Society for the Propagation of the Gospel in Foreign Parts)'라는 한 선교단체의 지원하에 이루어졌으며 복음을 전하려는 왕성한 선교의욕, 학문에 대한 존중, 토착화 정신을 특징으로 하였다.

한국에 온 초기 선교사들은 거의 옥스퍼드 대학 내지는 케임브리지 대학 출신으로 한국에 진출한 어느 종파, 어느 교파보다도 월등히 교육수준이 높았다. 그들은 한국 전통문화에 대해 이해하려고 노력하였으며 가톨릭보다도 더 정통적인 전례를 중시하였고 그에 합당한 성당건축을 추구하였다. 한국 건축양식과 재료, 기후에 대해서도 잘 파악하였으며, 한국의 전통문화와 융화할 수 있는 표상으로서 성당건축을 추구하였다.

성공회는 개화기는 물론이고 일제강점기, 해방 후 1950년대까지 한옥 성당이 일관되게 나타난다. 1890년 서울성당의 창립으로 초창기 교회는 한옥 사가(韓屋私家)를 임시 성당으로 쓰다가 개조 또는 증축하였다. 1892년 정동 영국 영사관 옆에 최초로 한옥의 장림성당이 건축되었으며, 1900년 완벽한 바실리카식 한옥 성당인 강화성당이 건립됨으로써 이후 성공회 성당의 모범이 되었다. 일제강점기에도 대부분 한식 또는 한·양 절충식이었으나 1960년대 이후 한옥 성당의 건축은 차츰 자취를 감추게 된다. 대한 성공회는 현재 3개 교구에 신자수는 약 5만 명, 100여 개의 성당이 있다.

초기 한옥 교회건축

박해시대에 이미 교회의 전례형식과 전통한옥의 만남을 통해 토착화를 시도하였던 한국 교회는 신앙의 자유를 맞이하자 더 본연의 전례형식을 수용하기 위해 본격적인 교회건축 양식을 추구하게 되었다. 신앙의 자유가 막 주어지기 시작한 1880~90년대에는 주로 기존 한옥건물을 그대로 이용하거나 부분적인 개조를 통해 최소한의 기능만을 충족시켰다. 그리고 오랜 유교의 관습에 따라 남녀석을 구분하는 여러 방안을 강구하였다. 가운데 장막을 치거나 ㄱ자형 건물의 구석에 제대를 두고 좌우 날개부에 남녀석을 배치하기도 하였고, 때로는 회중석의 한 구석에 구획된 여자석을 두기도 하였다.

그러나 교회예배를 집행하기에는 협소할 뿐만 아니라 내부 공간의 요구 기능에 적합하지 않았으므로 교회의 기능적 요구를 충족시키면서 구조와 외관은 전통적 목조 건축 양식인 과도기적 교회건축이 추구되었다. 1900년대 이전에 지어진 한옥 교회로서 원형대로 남아 있는 것은 하나도 없다. 다만 사진과 기록이 남아 있는 것은 고산 되재성당(1895), 옛 평양성당(1895), 옛 공세리성당(1897), 황해도 청계성당(1898), 옛 계산동성당(1899) 등이 있다. 특히 뮈텔 주교 일기[10)에는 사목 방문시에 꼼꼼히 기록한 스케치가 남아 있어 이를 통해 성당의 배치와 구조

---

10) 1890년에서 1933년까지 제8대 조선교구장으로 재임한 뮈텔(Mutel, 閔德孝) 주교는 42년간의 재임기간 동안 거의 매일같이 일기를 썼으며, 그 원본은 프랑스 파리의 외방전교회 본부에 보관되어 있다. 1984년부터 한국교회사연구소에서 번역·간행하여 왔으며 2008년 마지막 제8권으로 완간되었다. 사목 방문시의 교우촌과 성당의 배치도를 실명까지 부기하면서 구체적으로 스케치하였다.

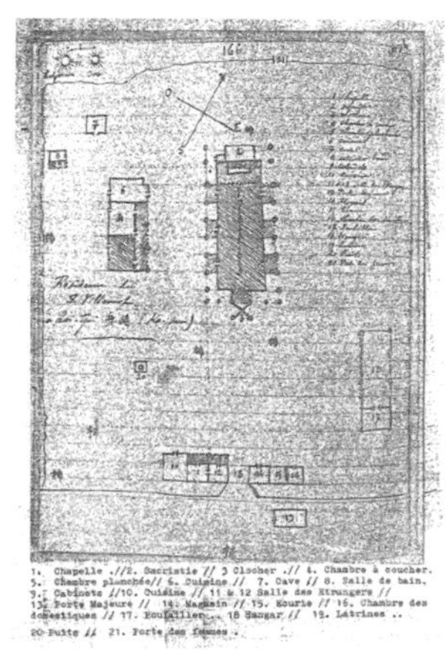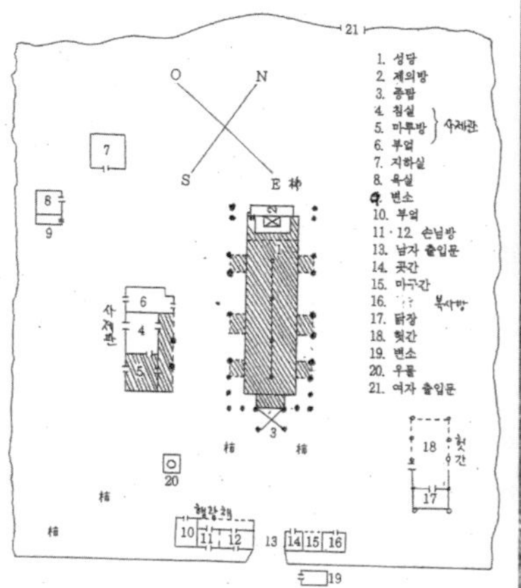

고산 되재성당 배치도(뮈텔 주교 일기(1896.11.1) 원본과 번역본 및 사진)

를 알 수 있다.

　박해시대 독실한 교우촌이었던 완주군 고산면 되재에 지어진 되재성당은 아마 새로 지은 한옥 교회당으로는 최초의 것으로 짐작된다. 장방형 평면에 단층 팔작기와지붕의 순수한 한옥구조로 재래 한옥과 달리 정면을 장방형의 짧은 쪽에, 즉 재래건물의 측면에 두었던 것이다. 이는 서양 교회건축의 기본인 바실리카(삼랑식) 형식의 평면구성을 위해서 불가피한 조치였을 것이다. 정면 중앙에 종루와 십자가를 첨가하였을 뿐 양측면의 툇마루도 재래한옥 그대로였다.

　공세리성당은 제단 좌우에 한 칸씩 덧붙여 T자형의 평면을 이루었고, 대구의 계산동성당은 십자 날개길이가 똑같은 희랍식 십자가의 평면을 가진 팔작지붕으로 단청까지 칠한 한옥이었다.

한옥 천주교 성당
1. 평양성당(1895)
2. 청계성당(1898)
3. 옛 계산동성당(1899)

한옥 교회건축의 배경 및 산출과정

한옥 교회건축의 산출과정은 다음과 같다.

첫째, 그리스도교 공동체는 'ecclesia'로서 남녀노소, 사회적 신분이나 역할, 개인적 성숙의 여부 등과는 상관없이 누구나가 참여할 수 있는 생활 공동체다.(불교사찰은 수도 공동체) 따라서 일찍이 경험해보지 못한 넓은 내부 공간이 요구되었다. 많은 회중이 모일 수 있는 기능적 요구는 도리방향의 칸의 부가에 의한 실내공간의 확장으로 충족시킬 수 있었다. 즉, 한국 전통 목조건축은 주(柱)·량(樑)구조에 의한 가구식(架構式)으로 전후방향으로는 1간(툇간)씩밖에는 확장이 불가능하나 좌우 도리방향으로는 구조적으로 무한히 확장 가능하므로 도리방향의 횡축과 보방향의 종축을 바꿈으로써 넓은 실내공간을 확보하였다.

둘째, 횡축과 종축을 바꾼 장방형 평면의 종축 끝에 제단을 놓고, 반대쪽에 입구를 둠으로써 건물에 들어서면 상당한 공간의 깊이를 느끼게 되고 한눈에 파악되며 제단을 향한 투시효과는 반복된 열주와 보에 의해 더욱 강조되었다. 그리하여 '구원의 통로'라는 길이 만들어져서 그리스도교의 주제와 결합할 수 있었다.

셋째, 4개의 기둥으로 구성되는 단위공간인 간(間)은 중세 서양 교회건축의 베이(bay)와 유사하며, 2고주(高柱) 7량가(樑架) 구조에 의한 어간(御間)과 툇간(退間)은 바실리카식 교회의 신랑과 측랑에 정확히 대응한다. 그리하여 3랑식 공간구성과 간의 분화에 의해 적절한 분절화가 이루어진다. 또한 노출천장에 의해 가구부재가 다 드러남으로써 균일한 부분들의 반복과 상이한 부재들의 역학적인 통합에 의해 공간의 통일성을 이룰 수 있었다.

넷째, 당시의 기술적·경제적 여건에 적합하였고, 내부의 구조를 꾸

밈없이 그대로 솔직히 드러내는 외관은 검소하고 질박한 한국인의 정서에 부합하였다.

이러한 한옥 교회의 중요한 사례로는, 장방형 종축의 중앙에 남녀석을 구분하는 열주를 두고 좌우 툇마루를 통해 출입한 되재성당(1895), T자형의 옛 공세리성당(1897), 희랍 십자형의 옛 계산동성당(1899), 완벽한 중층 삼랑식의 성공회 강화성당(1900, 사적 424), 강경 나바위성당(1906, 사적 318) 등이 있다.

한·양 절충식 교회건축

한옥 교회는 초기에는 순수 한옥이었으나 1900년대에 들어서면 기존 한옥의 간벽(間壁)을 벽돌로 교체하고 높은 벽돌조 종탑을 증축하는 등의 과정을 거쳐 한·양 절충식 교회건축으로 전개되었는데 크게 세 갈래의 전개 양상을 보여주고 있다.

첫째는 한옥 교회건축의 자생적 변화과정에서 나타난 유형인데 평면과 구조는 전통 목구조에 기와지붕인데 박공벽, 또는 간벽을 벽돌조적으로 하거나 유리를 끼운 서양식 창호를 설치한 경우로서 개항기와 일제강점기의 성공회 성당건축과 초기의 천주교 및 개신교 교회건축에서 볼 수 있는 유형이다. 구조체계가 목구조이기 때문에 규모에 한계는 있었으나 삼랑식 내부 공간을 구성하여서 그리스도교 전례를 수용하는 데 있어 기능이나 상징성에 부족함이 없었다.

대표적인 건물로 성공회 강화성당(1900, 사적424)이 있다. 이 성당은 전통건축에서의 궁궐이나 사찰건축의 중층구조를 적용하여 회중석과 측랑은 물론 광창까지도 가능케 하였다. 외부 공간의 구성에 있어서도 계단, 외삼문, 내삼문, 성당, 사제관의 종축배치를 통해 사찰배치에서 보이는 공간구성을 시도하였다.

두 번째는 서양식 벽돌조적 구조에 한식 기와지붕을 올린 경우다. 벽돌의 대량 생산과 중국의 중·서 절충식(中·西折衷式) 교회건축과 관련이 있다. 초기 개신교는 중국 선교의 경험을 적용한 "건물은 토착적인 것이어야 하고 지역 교회가 능히 꾸밀 수 있는 양식으로 지어야 한다."는 네비우스 선교방법을 채택하였으며, 중국과 극동지역 선교를 목적으로 창립한 천주교의 메리놀 외방전교회는 사목 관할지역인 평양과 청주지역에서 중국풍의 한·양 절충식 교회건축을 줄곧 고수하였다. 구조체계가 조적구조인 만큼 규모를 크고 높게 할 수 있었고 내부의 공간구성과 무관하게 외벽 버팀벽(버트레스)으로 입면을 분절하였다. 드물게 내부 열주를 두어 삼랑식으로 구성하기도 하였지만 대체적으로 내부 열주 없는 강당형(hall church)으로 지붕골조는 목조 트러스, 또는 가구식(架構式)과 트러스를 절충한 구조를 채용하였다. 지붕은 한식 기와를 고수하였으나 처마돌출이 짧고 처마곡선이 중국풍에 가까웠으며 유리를 끼운 양풍창과 처마 함석물받이 홈통 등 서양건축의 의장요소들을 절충하였다. 천주교 성당의 경우 천장을 목조 아치와 볼트로 장식하기도 하였다.

평양 장대현교회(1900)는 팔작지붕의 ㄱ자형 건물로 오른쪽 날개가 여자석, 왼쪽 날개가 남자석이었는데 남자석 출입구 위에는 2층 갤러리가 있었으며, 설교대는 ㄱ자로 꺾인 구석에 45도 각도로 놓이고, 남녀 회중석 사이에는 휘장이 쳐 있었다. 안성에 있는 구포동성당(1922, 경기기념물 82)은 철거 한옥(유교서원의 강당)의 자재를 일부 재사용하여 지은 중층 한·양 절충식의 성당으로, 라틴 십자형 삼랑식 평면과 열주 아케이드, 2층 갤러리 및 광창으로 구성되는 3층 벽면구성 등 한식 목구조에 가톨릭 전례공간을 충실히 접목한 건물이다. 처음엔 장식이 일체 없는 수수한 전통 목조 건물이었으나 나중에 제단벽에 서양식 조각장식이 덧붙여지고 고딕식 벽돌조 종탑이 증축되었다.

세 번째는 조적조와 목구조, 드물게 콘크리트조를 혼합하거나 벽돌조적조 종탑을 덧붙이는 등의 복합적인 유형이다. 외관과 내부 공간, 구조를 별개로 취급하였으며 토착화의 이미지를 외형에서 추구하였다. 일제강점기 말과 1960년대에 나타난다. 주요 사례로 구포동성당(1922, 경기기념물 82), 성공회 진천성당(1923, 등록 8) 수동성당(1935, 충북유형 149) 등이 있다.

한옥 교회건축은 토착화와 기술·경제적인 배경에서 선교 초기부터 일제강점기 말까지 상당 기간 한국 교회건축의 주류 형식으로 존재하였다. 전례를 중시한 가톨릭과 성공회는 전례의 기능과 상징성을 위해 삼랑식 공간을 줄곧 추구했고, 한옥구조와 형식이 이러한 요구에 적합하게 대응했다. 반면 개신교는 상징적 의미보다 공간 확장과 남·녀석 구분의 기능적 요구를 충족시키기 위해 한옥구조와 형식을 활용하였다. 한옥 교회건축은 교회문화의 수용이 일방적인 이입이 아닌 주체적인 우리 문화로의 수용이었음을 보여줌과 동시에 한옥이 가지는 기능적, 구조적, 공간적 잠재력을 확인시켜준 건축으로 중요한 의미를 지닌다.

한·양 절충식 개신교 교회
1. 새문안교회(1887)
2. 장대현교회(1900)
3. 선천남교회(1910)

한·양 절충식 대한성공회 성당
1. 대한성공회 강화성당(1900)
2. 대한성공회 진천성당(1923)

서양식 교회건축의 수용과 변용

신앙의 자유가 먼저 확보된 대도시와 개항지에서는 프랑스 신부들의 주도하에 중세 양식의 벽돌조 성당건축이 전개되었으며, 박해가 지나고 나서 들어온 개신교는 주로 기존 한옥을 개조하여 교회당으로 사용하거나 한옥교회당을 신축하였다. 청교도적인 성실한 삶과 경건주의 신앙을 특색으로 하는 한국 개신교는 의료사업과 교육사업, 네비우스 선교정책, 대부흥운동과 3·1운동 등을 통해 급속히 성장하였다.

당시 우리나라에 지어진 서양식 건축물은 대부분 르네상스 양식이었으나 교회건축의 경우 고딕 양식을 추구하였다. 원래 고딕 양식은 구조와 재료, 의장과 건축체계가 합치된 중세의 가장 완성된 석조 건축 양식이었으나 당시의 한국 사정으로 벽돌조로 된 일련의 잔류 고딕 또는 유사 고딕 형태를 띠었으며 로마네스크 양식에 머문 것도 많았다.

가톨릭 건축은 유럽 출신의 선교사들에 의해 주도되었으며 그 특징은 다음과 같다.

첫째, 비전문가인 선교사들의 건축이념과 계획의도는 고딕 양식의 외적 형식 재현에 바탕을 두었으며 평면, 내부 공간의 형태와 아치, 볼트 천장, 버팀벽, 종탑 등의 요소에 집중되었다.

둘째, 당시의 건축 생산체제가 갖는 제약 때문에 '목조 의(擬)볼트' 구조의 도입과 견고한 벽체구조, 비통일적인 구조체계 등 고딕 구조와는 상이한 비고딕적인 구조한계에 머무를 수밖에 없었다.

셋째, 토착재료인 전돌과 유사하게 제작된 다양한 회색 벽돌의 의장적 사용으로 비고딕적 구조가 갖는 제약에도 불고하고 세부구성이 고딕 형태로 표현되고 한국인의 감각에 부합될 수 있었다. 이는 중국 벽

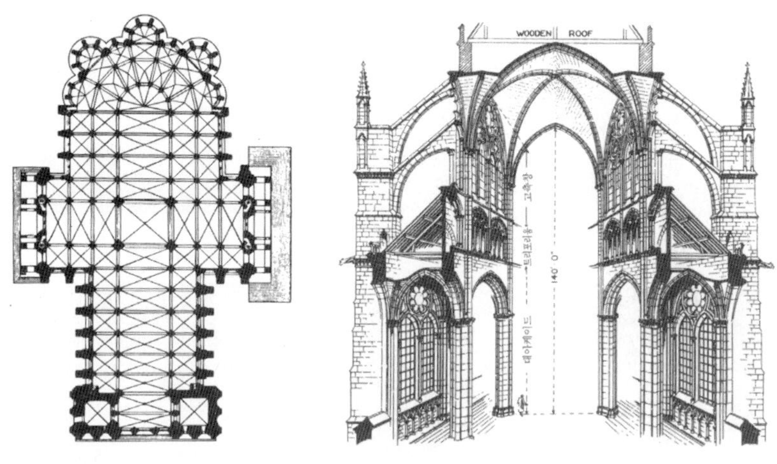

전형적인 고딕 성당 평면 및
단면투시도

돌건축과 중국 성당건축에서의 경험이 바탕이 되었다.

넷째, 전례를 중시한 천주교는 외관뿐만 아니라 내부 공간의 기능
성과 상징성을 중시하여 내부 공간의 분절과 통일성이 표현된 바실리
카식—삼랑식—공간을 줄곧 추구하였다.

한국 최초의 서양식 교회건축인 약현성당(1892, 사적 252)은 이후 한국
성당건축의 모델이 되었다. 명동성당을 설계한 프랑스인 코스트 신부
가 설계·감독해 지었으며 좌우 열주에 의해 세 개의 긴 공간으로 뚜
렷이 구별되는 삼랑식(三廊式) 평면구성의 라틴 십자가형 건물이었다. 이
건물은 로마네스크 양식과 고딕 양식이 뒤섞인 건물이다.

이보다 6년 후에 완공된 명동성당은 고딕 구조에 훨씬 가까운 본격
적인 서양식 성당이다. 전형적인 라틴 십자가 형식의 평면으로 회중석
과 측랑은 물론 십자 날개의 익랑과 회랑이 뚜렷하게 자리잡고 있다.
본격적인 광창(clearstory)과 공중회랑(triforium)이 있으며, 비록 목조로 되었
지만 리브 볼트(rib vault)의 천장구조가 명확히 드러나서, 색유리로 들어
오는 빛과 분절된 곡면천장에서 울려퍼지는 음의 효과와 함께 훌륭한
고딕적인 내부 공간을 전해준다.

약현성당(1892, 사적 제252호)

되재성당(1893)

명동성당(1898, 사적 제258호)

계산성당(1902, 사적 제290호)

예수성심성당(1902, 사적 제255호)

나바위성당(1906, 사적 제318호)

전동성당(1914, 사적 제288호)

용소막성당(1915, 강원유형제106호)

구 합덕성당(1929, 충남기념물 제145호)

답동성당(1937, 사적 제287호)

한국 천주교 성당건축의 변천(1890년대~1940년대)

주요 서양식 성당 건축으로 명동성당에 이어 계산동성당(1902, 사적 290), 풍수원성당(1907, 강원유형 69), 전동성당(1914, 사적 288), 용소막성당(1915, 강원유형 106), 공세리성당(1921, 충남기념물 144) 등이 있으나 세월이 갈수록 점차 소규모화, 간략화되고, 절충·변용되어 나갔다.

성공회는 개항기는 물론이고 일제강점기, 광복 후 1950년대까지 한옥 성당이 일관되게 나타난다. 외래 종교인 그리스도교 건축의 토착화의 상징인 강화성당(1900년, 완벽한 바실리카식 한옥 성당)이 건립됨으로써 이후 성공회 성당의 모범이 되었기 때문이다. 한편으로 로마네스크 양식의 서울대성당(1926, 서울유형 35)이 서양 양식 건축의 정수를 보여주었다.

이 성당은 영국 왕립건축가학회 회원인 아더딕슨(C. S. Dixon)이 설계하였는데 평면은 라틴 십자형 삼랑식으로 경사진 대지를 잘 이용해 지면과 동일한 레벨에 지하 소성당(crypt)을 두고 있다. 화강석과 적벽돌로 외벽을 구성하고, 지붕은 기와를 올렸으며 교차부 상부의 중앙탑과 인접한 작은 종탑, 그리고 각 날개의 단부 모서리의 버팀벽을 강조한 소탑 8개가 중앙탑을 중심으로 매스의 좋은 위계성을 보이고 있다. 내부 공간은 7칸의 회중석과 교차부, 성단, 그리고 배랑으로 구성되어 있으며 엔타시스를 가진 화강석 열주와 목조 트러스 천장, 제단 앱스의 반구형 돔과 모자이크가 양식의 완성도와 아름다움을 더해주고 있다. 이 건물은 전형적인 앵글로 노르만 양식의 건물이나 매스의 위계적인 조합과 함께 처마장식, 창살문양, 기와지붕 등 한국 전통 건축요소를 섞어 씀으로써 한국적 스케일과 풍토에 잘 어울린다.

일제강점기에도 완벽한 로마네스크 양식의 서울대성당(1926, 서울유형 35) 인천 내동성공회성당(1956년) 등 몇몇 로마네스크 양식의 벽돌조 성당을 제외하고는 대부분 한식 또는 한·양 절충식이었으나 1960년대 이후 한옥 성당의 건축은 차츰 자취를 감추게 되며, 1960년대 이후의 성공회 건축은 건축적인 측면에서는 쇠퇴기에 접어들게 된다.

초기 한국 개신교 선교는 미국 경건주의와 복음주의 교단이 주류를 이루었고, 이들의 교회건축(19세기 초기의 반형식주의 강당식 교회당의 등장, 중기의 희랍 복고풍과 고딕 복고풍의 유행, 반형식주의 강당식 교회당 부활)의 영향을 받아 고딕 복고 또는 로마네스크 복고양식의 교회건축을 수용하였으며, 대부분 내부 공간의 분절이 없는 단순한 강당형(hall church)이었다.

고딕 양식을 단순화시킨 정동제일교회(1897, 사적제256호), 상동감리교회(1901, 멸실), 고딕풍의 종교교회(1910, 멸실), 십자형 평면의 로마네스크 양식의 승동교회(1912, 서울시유형문화재 제130호), 로마네스크 양식의 새문안교회(1910, 멸실) 등이 있다.

정동교회(1898)

종교교회(1910)

새문안교회(1910)

승동교회(1899)

초기 개신교 서양식 교회당

20세기 현대 교회건축의 배경 – 전례운동과 성미술운동11)

그리스도교가 공인된 4세기 이후부터 현대에 이르기까지 교회는 신학적 해석의 변천과 건축술의 발달에 따라 실로 다양한 건축양식을 창출해 왔다. 그러나 그 어떠한 변화도 20세기에 견줄 수 없을 만큼 현대 교회건축은 혁신적인 변화를 이루었다. 그리고 이러한 변혁은 건축의 탈양식과 기능주의, 기계미학을 근간으로 하는 근대주의(Modernism)운동에 기인한 것으로 일반적으로 받아들이고 있다. 그러나 정통성과 상징성을 최우선시하는 종교건축의 특성상 교회 내의 혁신운동이나 의식변화 없이는 이러한 급진적인 변화는 불가능하였을 것이다.

새로운 시도는 간헐적으로 몇몇 지역의 교회에서 보이나 뚜렷한 이념과 실천을 통해 큰 흐름으로 전개된 것은 독일을 중심으로 한 '전례운동'과 프랑스를 중심으로 한 '성 미술운동'이다. 교회의 전례에 가능한 한 신자들을 적극적으로 참여시키려는 '전례운동(Liturgical Movement)'과 교회 안에 현대미술을 적극적으로 수용하고자 했던 '성 미술(L'Art Sacré)운동'은 둘 다 베네딕도회와 도미니크회라는 수도회를 중심으로 시작되어 유럽, 나아가 세계의 교회건축과 미술에 그 영향이 확산되었다.

건축적 성과

그리스도인의 예배는 그 시초부터 회중들의 완전한 참여를 전제로 하였으나 중세에 와서 신자들은 피동적이고 수동적인 역할만을 맡았다.

---

11) 졸저, 『유럽 현대 교회건축』(가톨릭출판사, 2004) 참조

따라서 전례운동의 목표는 무엇보다 모든 신자들이 전례, 특히 미사를 정확히 알고 사제의 기도(제2차 바티칸 공의회 이전까지는 라틴어만 사용)를 이해하도록 함으로써 전례에 능동적이고 적극적으로 참여하게 하는 것이며 나아가 교회를 내적으로 쇄신하는 것이었다.

이러한 전례의 개념과 내용 변화로 가톨릭 성당에서는 잊혀졌던 세례대를 부활하고, 회중석과 제단 사이의 적극적인 관계를 추구하게 되었으며, 이것이 내부공간에 영향을 미쳐 종전의 긴 회중석을 지닌 장방형 평면에서 벗어나게 하였다. 그리하여 정방형 평면이 추고되고 심지어는 원, 타원형, 사다리꼴과 같은 평면까지 시도되었다. 전례의 기능에 성당 건물의 존재의미(raison d'être)를 부여하는 새로운 신학관은 'form follows function'이라는 근대주의(Modernism)의 이념이 교회건축에서도 합리적인 의미를 지닐 수 있게 하였다.

그러나 양식주의 교회건축에서 벗어나 근대건축이 교회의 적합한 표현방법으로 받아들여지기 시작한 것은 1930년대 이후부터이며(일반적인 현상이 아니라 극히 일부에 불과하지만) 그 전까지는 전례운동은 이론에만 머물러 있었다.[12]

전례운동의 성과를 직접 교회건축에 적용한 사람은 독일의 루돌프 슈바르츠(Rudolf Schwarz, 1897-1961)[13]다. "건축가의 과제는 전례의 목적에

---

12) Albert Christ-Janer & Mary Mix Foley, *Modern Church Architecture*, McGraw-Hill Book, 1980, p.61.

13) 1897년 스트라스부르그에서 태어나 한스 펠지히(Hans Poelzig) 교수의 베를린 미술학교를 졸업하고, 로마노 구아르디니 신부가 인도하는 로만 가톨릭의 젊은 전례운동 그룹에 참여하였으며, 오펜바하의 미술·공예학교에서 도미니쿠스 뵘(Dominikus Böhm)의 지도를 받았다. 1927년 아헨의 미술·공예학교의 디렉터가 되었으며, 2차대전 중에는 사알랜드 지역계획에 관여하였고, 전후 쾰른의 도시계획을 맡았으며(1946-1952), 이후 사망할 때까지 뒤셀도르프의 주립 아카데미에서 도

적합한 건물을 세우는 것이다. 교회건축은 참여의 장소이지 섬김의 장소가 아니다."라고 말한 그는 르네상스 이후 새로운 도상학(Iconography)을 진지하게 연구하고 설계에 적용하였는데 유명한 그의 저서 『교회의 화신』(Vom Bau der Kirche)에서 풍성한 시적 이미지와 상징적인 사인으로 6개의 전형적인 교회 평면 모델을 제시하였다.

전례운동의 첫번째 건축적 성과는 1920년대에 시작되었다. 과르디니(Guardini)의 영향을 받은 가톨릭 전례운동의 중심인 쉴로스 로덴펠스(Schloss Rothenfels) 성에서 신부 중심의 미사가 신자 중심의 미사로 전환되었다. 루돌프 슈바르츠가 참여한 이 성당의 개조는 전례뿐만 아니라 다양한 집회가 가능하도록 단순하고 검소하게 재배열되었는데 제단의 3면 혹은 제단의 3/4 주변에 공동체 구성원이 모이게 하였다.

1938년 그는 원형과 포물선 형태의 교회 평면을 제안하였는데 이는 공동체를 긴밀하게 결속시키고, 제단 가까이 다가오게 할 수 있는 가능성을 보여주었다. 한때 그의 스승이었던 도미니쿠스 뵘(Dominikus Böhm) 역시 종축형 사각형 평면의 대안을 찾았다. 그는 마틴 베버와 함께 1922년 타원형 평면으로 메스오퍼 성당(Meßopherkirche)을 설계하였으며, 성 엥을베르트 성당(St. Engelbert)에서는 원형평면으로 공동체 공간을 시도하였다.

프로테스탄트 교회에서도 새로운 평면 형태에 의한 공동체의 연대와 회중 가까이 제단을 배열하는 노력이 있었다. 앞서 언급한 비스바덴의 교회건축 프로그램(1891)이 있었지만 프로테스탄트 교회에서 새로운 개혁적 변화는 오토 바르트닝(Otto Bartning)이 선도하였다. 그는 그의

시계획을 강의하였다. 2차대전 후 수많은 교회건축 설계를 통해 명성을 날렸으며 1961년 암으로 갑작스럽게 사망하였다. 26개의 교회작품(2개는 오스트리아 소재, 나머지는 독일 소재)을 남겼다.

저서 『신 교회건축을 향하여』(Vom neuen Kirchbau, 1919)에서 공동체의 집회소로서의 교회건축의 의미를 다음과 같이 정의하였다. "볼 수 있는 공동체의 장소와 공동체의 강한 실체가 교회건축이다. 교회는 단지 집회의 건물이 아니며, 공동사회로 보여지는 형태의 게슈탈트(gestalt)다." 바르트닝은 30개의 평면유형을 제안하였으며, 그의 실제 프로젝트에서 이를 채택하였다.

그 밖의 여러 유명 건축가들, 피터 베렌스(Peter Behrence), 에릭 멘델존(Erich Mendelsohn), 미스 반 데어 로에(Mies van Der Rohe), 한스 펠지히(Hans Poelzig), 한스 샤로운(Hans Scharoun), 하인리히 테세노브(Heinrich Tessenow) 등과 무명 건축가들이 1차대전을 전후하여 다양한 평면형태의 교회를 전시회와 출판물을 통해 제안하였으며, 20년대부터는 실현되기 시작하였다. 당시 교회건축은 파괴된 교회의 재건설뿐만 아니라 새로운 정신적인 방향의 추구와 갈망, 그리고 시대의 표현이었다. 직사각형 평면의 변형으로서 사다리꼴, 마름모, 포물선 형태로부터 원, 타원형, 삼각형, 십자형 평면이 시도되었다. 기하학적인 것 외에도 불규칙적이고 유기적인 형태들도 나타났다.[14]

성 미술운동

19세기의 정체된 교회미술에서 벗어나기 위해서는 과거의 기법과 형식을 모방하는 데 치중했던 아카데미즘 체제를 극복해야 했다. 1910년대

---

14) 평면의 다양함은 개신교 교회건축의 경우 가이드라인의 부재에서 기인하는 바도 없지 않았다.

15) 1910년대부터 시작된 프랑스의 공방활동은 중세의 길드를 모방한 것으로 종교 아카데미즘으로부터 벗어나 가톨릭 전통성의 복원과 함께 그리스도교 미술에 대

부터 시작한 프랑스의 공방활동15)은 중세의 길드를 모방한 것으로, 종교 아카데미즘의 미술작품을 쇄신하는 데 중요한 역할을 하였으며 이러한 활동을 배경으로 '성 미술운동'이 전개되었다.

'성 미술(L'Art Sacré)운동'은 1930년대 프랑스 도미니크 수도회의 진보적인 성직자들을 중심으로 그리스도교 미술을 쇄신하고 교회 안에 현대미술을 적극적으로 수용하고자했던 운동을 말한다. 성 미술운동의 중심인물이었던 꾸뛰리에(Couturier), 레가메(Ré-gamey), 꼬까낙(Cocag-nac) 신부는 조셉 피사르(Joseph Pichard)의 후원으로 「라르 사크레」(L'Art Sacré)16)를 창간하여 '성 미술운동'을 이론적으로 뒷받침하였으며, 전후 교회건축과 미술의 황금기에는 성 예술위원회(Commission d'Art Sacré)에서 현대예술의 옹호자 역할을 하였다.

성 미술의 변혁

유럽 미술사에서 19세기 말에서부터 20세기 초는 급진적인 사회변화만큼이나 혁신적 운동이 활발하였던 시기다. 과거의 미술은 복음서의 내용이나, 희랍 신화, 인물이나 풍경 등을 사실적으로 묘사함으로써 어떤 이야기를 전달하였으나 이제는 미술에서 '이야기성'을 제거하기 시작하였다.

한 폭넓은 정의와 개인적인 측면 강조, 시대정신 반영을 추구하였다. 성 요한 협회(Socit Saint-Jean)의 '성 미술공방(Les Ateliers d'Art Sacré)', '방주(L'Arche)', '제대 장인들(Artisans de l'autel)' 등의 공방활동들이 있었다.(Joseph Pichard, L'Art Sacré Modern, 1953, pp.49-50)

16) 프랑스 가톨릭 교회에 새로운 미학을 불어넣어준 미술 비평지. 일생을 가톨릭 미술의 후원자로 헌신하였던 죠셉 피사르에 의해 1935년에 창간되어 1969년까지 간행되었으며(2차대전 동안 휴간), 1937년부터 1954년까지 도미니크회의 꾸뛰리에, 레가메 등이 편집을 맡았다.

인상주의에서 시작된 이러한 근본적인 변혁은 그림과 조각에서 순수한 아름다움 자체에 대해 탐구하기 시작함으로써 추상미술로 변화하게 되었으며, 동시다발적으로 등장하는 여러 사조와 함께 모더니즘(Modernism)을 완성해 가고 있었다. 이제 미술은 종교, 신화, 사회의 풍습 등 모든 내용으로부터 떠났으며 미술가들은 교회로부터 벗어나 마음껏 자유를 누리게 되었다. 반면 종교미술 분야만은 시대정신에 부응하지 못한 채 과거의 양식을 적당히 수용한 절충주의에서 벗어나지 못하였다.

예술이 떠난 교회는 황량한 모습으로 변할 수밖에 없었다. 종교로부터 예술이 완전히 떠나게 된 19세기[17] 이후 처음으로 이러한 침체를 극복하기 시작한 것은 20세기 초 '공방활동'이며 교회 내에서의 적극적인 수용은 1930년대의 '성 미술운동'이었으며 그 첫 시도가 아시의 '은총이 가득한 마리아 성당'(1937–1950)에서 이루어졌다.

'성 미술운동'을 주도한 젊은 도미니크 수도회 신부들은 교회미술과 세속미술을 연결시키기 위해 작가들의 신앙심보다는 재능을 우선시 하였다. 동시대 세속미술을 교회 안에 수용한다는 점에서 '성스러움에 대한 논쟁'(Le Débat du Sacré)의 대상이 되기도 하였지만[18] 결과적

---

17) 19세기 전까지 서양의 모든 예술가들은 그리스도교 안에서 살고 성장하였다. 그러나 18세기 이래로 그리스도교 미술은 무시되고 대부분의 위대한 화가와 조각가들은 더 이상 종교작품에 손을 대지 않게 되었다. 이때부터 교회안의 미술은 재능은 별로 없지만 신앙심이 두터운 작가들에 의해 제작되었는데 이러한 종교미술과 세속미술과의 단절은 프랑스 혁명에 의해 대중미술이 확장된 19세기에 절정을 이루었다.

18) 도미니크 수도회의 레가메 신부는 성스러움의 개별적이고 심리적인 면에 대해 인정할 것을 주장하였다. 성스러움은 미의 내적 경험이 이루어지는 마음에서 다양한 방법으로 육화될 수 있기 때문에 추상화가의 종교미술 작품은 비록 그가 신자가 아닐지라도 작가의 내적 표현에서 비롯된 개별적인 성스러움을 가진다고 주장하

으로는 추상미술이 성스러움을 표현하는 데 적합한 양식으로 인정받
을 수 있게 되었다.

또한 르 코르뷔지에에서 비롯된 '미술의 종합'(synthése des arts)이라는
새로운 개념에서 건축 내에 조형미술을 종합함으로써 교회건축에 현
대미술을 적극 수용하기 시작하였다.

스테인드글라스의 부활

유리를 매체로 하여 빛과 색을 종합시킨 스테인드글라스는 그 시작부
터 건축적인 예술이자 종교적인 예술이었다. 고딕 건축이 이룩한 천
상적·영적인 공간은 바로 스테인드글라스가 연출하는 신비스런 색광
에 의해 달성된 것이었다. 그러나 근세 들어 스테인드글라스에 회화예
술을 부과함으로써 그 생명력을 잃고 차츰 쇠퇴하여져서 거의 잊혀졌
다.[19)]

그러다가 19세기 고딕 리바이벌을 통해 예술과 장인의 연대 속에 부
활되기 시작하였다. 일찍이 철학자 헤겔이 "빛이야말로 인간 내면의 세
계를 표현할 수 있는 가장 적합한 요소다."라고 했듯이 초월적이고 신
적인 세계를 표현해내고자 하는 교회건축에 있어서 신비스런 색광을
연출하는 스테인드글라스는 다시 그 잠재력을 증명한 것이다. 더구나
유리는 데 스테일((De Stijl)20)과 아르누보를 위한 이상적인 매체였기 때

였다. 반면 종교미술이 존재할 수 없는 탈 그리스도화된 현대문명에서 종교적 믿
  음과 아무런 관계가 없는 현대미술이 진정한 종교미술이라고 할 수 있는지에 대한
  회의도 있다.(정수경, 「앙리 마티스의 방스 로사리오 경당 연구」, 숙명여자대학교
  석사학위논문, 1999, pp.32-33)
19) 르네상스 이후 스테인드글라스가 쇠퇴기에 접어든 것은 16세기 중반에 발견된 에
  나멜 화법의 남용, 유화의 벽화기법 발달, 전쟁과 경제적 궁핍, 종교개혁 등에 기
  인하였다.

문에 아르누보와 관련된 훌륭한 디자이너들이 스테인드글라스에 손을
댄 것은 당연한 일이었다.

20세기를 맞이하면서 유리화는 보다 다양화되고 일반화되기 시작
하였다. 이른바 아르누보 작가들에 의해 가정과 은행, 철도역, 식당 등
에 이르기까지 광범위하게 설치되기 시작하였으며 천창의 소재와 기
법, 디자인 주제에 있어서도 괄목할 만한 변화를 가져왔다. 그러나 근
대건축운동(Modern Architectural Movement)이 결과적으로는 건축에서 예술
을 배제하는 상황을 초래하였기 때문에 건축 콘텍스트와 유리되었다.
20세기 전반 스테인드글라스가 다시 그 생명력을 되찾게 된 것은 프랑
스, 독일, 영국의 공헌[21]이 큰데 그중 교회건축에 있어서는 '성 미술운
동'이 큰 역할을 하였다.

1937년 교회의 스테인드글라스 예술은 세속적인 예술로부터 큰 도
움을 받을 수 있다고 확신한 도미니크 수도회의 꾸뛰리에(Couturier) 신

---

20) 1차 대전 후 네델란드에서 시작된 드 스틸(De Stijl)운동은 예술가와 건축가, 그래
    픽과 산업디자이너 사이의 협력을 통해 응용예술의 모든 분야들이 그룹의 사고에
    통합되었다. 주도적 인물인 도에스부르그(Theo van Doesburg)는 스테인드글라스
    에 열광적이었으며 많은 창을 직접 디자인하였다. 프리커(Johann Thorn Prikker)
    는 스테인드글라스의 현대적 언어를 창조하였다. 그의 스테인드글라스는 초기에
    형상적이었으나 곧 상징주의로부터 벗어나 순수한 추상적 언어에 의해 디자인 되
    었다. 한 때 재즈나 아르데코의 불안정함과 절충주의에 접근하기도 하였지만 1931
    년에 제작된 그 유명한 '오렌지(Orange)'는 그의 말기에 전개되고 있던 미니말리스
    트의 세련됨을 웅변적으로 보여주었다.
21) 프랑스는 현대화가들의 실험적인 작업을 통해 성당건축에서의 회화와 스테인드글
    라스의 훌륭한 결합을 이루었고, 독일에서는 2차 대전 후 공방운동을 통해 스테
    인드글라스의 건축적 성격을 부활하였으며, 2차 대전후 영국에서는 비종교건축에
    서 독일의 건축적인 아이디어와 회화적인 전통을 결합하여 새로운 언어를 창조하
    고 있다.(현대 유럽의 스테인드글라스에 대해서는 졸고 "건축공간에 있어서의 새
    로운 빛의 연출",「대한건축학회지」 제36권 제5호 통권 168호, 1992. 9, pp.38-44
    참조)

부는 프랑스 동부 스위스 국경지역의 아시(Assy) 성당의 창을 위해 많은 화가들을 초대하였다. 그 중에는 레제(Fernand Lé-ger), 마크 샤갈(Marc Chagall), 조르지즈 루오(Georges Rouault) 등이 있었다. 당시 젊은 루오는 스테인드글라스 공방에서 수련하였는데 그곳에서 그의 작품의 특징인 두터운 흑색 윤곽선 기법을 흡수한 것이다. 아씨의 실험은 너무 개성적인 여러 작가의 다양한 양식 때문에 반드시 성공하였다고는 볼 수 없지만 화가와 공방과의 협동적인 토대가 마련되었다는 점에서 중요한 의미가 있었다. 또한 베통 글라스(Beton-glass)라는 새로운 매체의 사용과 전후 정부와 교회의 후원에 힘입어 단순한 입방체의 현대성당을 풍부한 상징성과 전통성으로 채울 수 있었다.

20세기 전반에 전개된 교회건축의 새로운 변화양상을 요약하면 다음과 같다.

첫째, 산업혁명 이후에 등장한 철, 유리, 철근콘크리트 등 새로운 재료의 사용에 의한 새로운 구조와 형태의 탐구

둘째, 구조의 명료성, 디테일의 단순성, 장식의 제거, 입체적 형태 등의 기계시대 미학의 적용

셋째, 전례운동의 결과로 다양한 평면형태의 추구

넷째, 1950년대 이후의 현상으로 모더니즘의 단순성으로부터 탈피하여 다양한 표면장식과 스테인드글라스에 의한 감각적 풍요로움의 추구

다섯째, 지난 1세기 간 유럽 세계에 거의 표준이 되다시피한 무미건조한 전례미술을 거부하고 당대의 천재적인 예술가의 작품으로 대체함으로써 예술의 후원자로서의 교회부흥[22]

---

22) Albert Christ-Janer & Mary Mix Foley, *op. cit.*, p.82

근대 교회건축의 발전

민족의 해방과 전란

민족의 해방과 더불어 주어진 완전한 종교의 자유로 한국 교회는 마음껏 발전할 수 있는 시대를 맞게 되었으나, 민족과 국토의 분단, 한국전쟁 등으로 많은 고난을 당하고 북한 교회를 잃게 되었다. 그러나 신·구교를 막론하고 신자 수는 급격히 증가하였다. 이는 유엔군의 반공투쟁 정신, 미국 교회의 헌신적인 구제활동 등에 힘입은 바가 없지 않으나 무엇보다도 전란에 시달린 민중이 교회에서 정신적 위안과 의지처를 찾으려 한 때문이다.

천주교의 경우, 프랑스인 교구장에 의해 주도된 일제강점기와 달리 해방 후 천주교회는 정치·사회활동에 적극 참여하였으니, 즉 《경향신문》을 통해 교회의 가치관을 고취하였고, 유엔군의 파병과 원조물자 도입에 공헌하고 구호활동 및 친미주의와 반공주의에 앞장섰으며, 정치권력과 밀착하기도 하였고, 반독재운동에의 참여를 통해 민족의 수난에 동참하였다.

이 시대의 교회건축은 일제강점기보다 더 단순하고 천편일률적이었다. 교세의 양적인 팽창에 따라 짧은 시간에 많은 건물이 지어졌고, 대부분 외국의 교회와 신자단체의 원조에 의존하였기 때문이기도 하지만, 건축을 주도한 성직자, 지도급 신자들의 건축에 대한 양식 부족이 원인이었다.

신구교를 막론하고 이 시기의 특징적인 현상은 내부 공간의 분절이 없는 강당형(Hall Church) 교회와 성곽 형태의 석조 교회당이 많이 등장한

1950년대 석조 교회건축

다는 점이다. 내부의 기둥이 사라지고 확 트인 강당형 교회가 늘어나는 것은 많은 신자들을 수용하고 제단을 향한 시청각적인 집중이 가능하도록 하기 위함이며, 성곽 형태는 전쟁 후의 '교회에 대한 하느님의 보호와 견고함'이 새삼 강조된 결과다. 조적조든, 콘크리트조든 구조체계와 관계없이 외벽을 화강석으로 치장하거나 흉벽이나 총안 등 성곽의 형태요소들이 종탑과 지붕처마에 집중되었다.

근대주의 교회건축의 소개

1950년대 말부터 1960년대 처음으로 근대주의(Modernism) 교회건축이 한 독일인 신부와 오스트리아인 건축가 및 한국인 건축가에 의해 소개되고 시도되었다. 이들의 설계는 오랫동안 보편화되어왔던 교회건축의 양식주의(樣式主義) 또는 절충주의에서 과감히 탈피하여 합리성과 기능성, 창의성을 추구하였다.

베네딕도회 알빈 신부의 교회건축[23]

베네딕도회 수도신부 알빈(Alwin Schmid, 1904–1978)은 1958년부터 1978년까지 20년 동안 이 땅에 122개소의 성당과 공소를 포함하여 무려 185개소에 달하는 가톨릭 건물을 설계하였다. 그의 성당건축은 신학과 전례에 대한 확고한 신념을 바탕으로 제2차 바티칸 공의회의 전례정신을 잘 반영하고 있으며 매우 기능적일 뿐만 아니라 주변과 경제적 상황을 잘 고려하여 시골이든, 도시든 부담을 주지 않는 건물이다. 30~50년이 지나도 아무런 불편이 없다고 하며 아직 80% 이상이 현존하고 있다.

알빈은 전후 독일의 현대 교회건축가 특히 도미니쿠스 뵘(Dominikus Böhm, 1880–1955)과 루돌프 슈바르츠(Rudolf Schwarz, 1897–1961)의 영향을 많이 받았는데, 그들이 설계한 성당건축의 몇몇 유형들을 한국의 상황에 적합화하여 발전시킴과 동시에 자신의 교회건축 개념을 불어넣어 네 가지 성당건축 기본유형을 산출하였다. 그리고 이들 유형을 축변환, 부가, 삭제, 분할의 변환방식에 의해 ① 장방형 유형, ② 정방형·십자형 유형, ③부채꼴·타원형 유형, ④ 방사형 유형 등 다양한 공간과 형태를 산출하고 있다.

알빈이 추구한 교회건축의 이념과 특징은 다음과 같다.

첫째, 교회의 거룩함은 오래된 역사적 건축형태에서 오는 것이 아니라 전체로서 또 부분으로서 거룩하게 정렬될 때, 즉 구조나 형태가 의미와 분위기에 의해 그 안에서 일어나는 것을 충분히 알 수 있게 할 때 신성해지는 것이라고 생각하였다.

---

23) 졸저, 『건축가 알빈신부』(분도출판사, 2007) 참조.

김천 평화동성당(1958)

가르멜수녀원(1962)

상주 남성동성당(1963)

범일동성당(1965)

구포동성당(1965)

고령성당(1965)

함창성당(1965)

왜관성당(1966)

보은성당(1966)

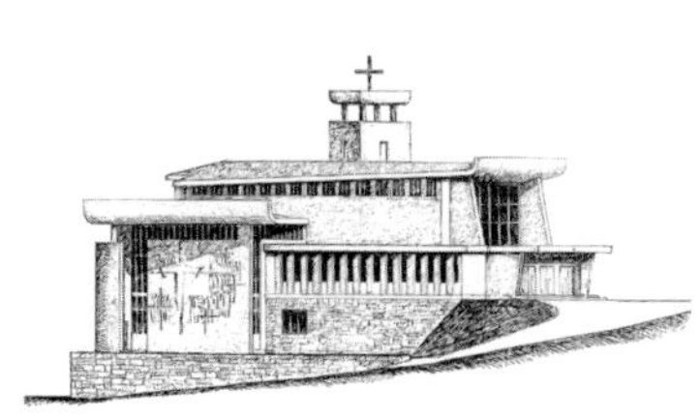

대구 복자성당(1969)

지례성당(1968)

구로3동성당(1972)

알빈 신부가 설계한 주요 성당

둘째, 가톨릭 교회건축의 기초는 모든 교회가 그 의미를 단지 그리스도의 이름으로 모인 살아있는 공동체에 의해서만 얻게 되는 것이며 성전 자체로서 의미를 획득하는 것이 아니라는 것이다. 따라서 회중의 모임(친교)으로서의 교회공동체 기능을 중시하였다.

셋째, 교회가 '심벌로서의 교회', '언덕 위의 성곽으로서의 교회', '새(천상의) 예루살렘으로서의 교회' 등을 강조하고 주변 환경에의 조화를 고려하지 않은 점을 비판하고, 오히려 눈에 잘 띄지 않고 이웃과 외부인(그리스도를 모르는 외부의 관심자)에게 어떤 장벽도 만들지 않는, 잘 보이지 않는 것 같은 '회중의 공동체 중심'을 건설하고자 하였다.

넷째, 성당건축의 고정된 양식이나 형태를 거부하고 시대와 장소에 적합한(토착화한) 건축을 추구하였다.[24] 그는 당시 한국의 건축 상황을 정확하게 보았으며 토착화의 문제를 깊이 생각하였다. 하지만 실제 디자인에 있어선 해결을 보지 못한 것 같다.[25]

---

24) 알빈은 「가톨릭시보」에 기고한 글(「가톨릭시보」(1964. 2) '典禮에 合―토록')에서 말하길 "가톨릭 교회의 특징을 이루는 규정된 건축양식이나 일정한 형태는 없다. 시대, 국가, 지역에 따라 다르다."는 것을 강조하였다.

25) 1966년경에 병인순교 100주년 기념성당이 도처에 건립되었다. 이때 요구된 공통된 사항이 한국 전통의 표현이었다. 알빈이 설계한 인천 화수동순교성당, 대구 순교복자성당, 전주 복자성당과 한국인 이희태가 설계한 절두산 기념성당, 윤장섭 설계의 수원 서둔동성당이 그것인데, 전주 복자성당을 제외하고는 모두 철근콘크리트 골조의 노출에 한옥의 지붕형태와 처마곡선 등을 도입하였다. 그는 이중에서 절두산성당이 한국 고전을 직설적으로 표현하지 않고 현대화(modernize)하였다는 점에서 성공적이라 평가하였으나 자신의 작품을 포함해서 이런 식의 토착화에 강한 의문을 나타내었다.

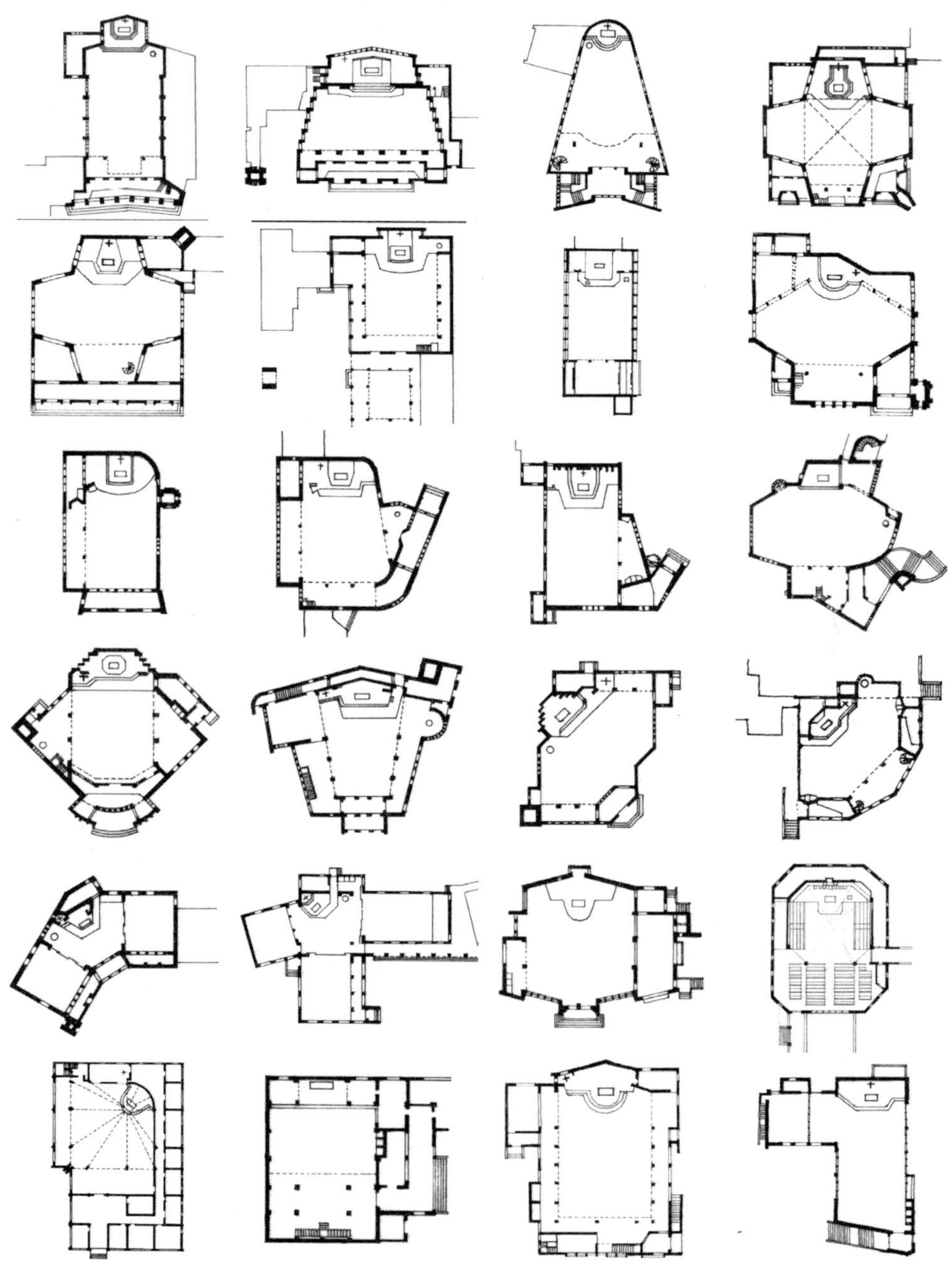

알빈 신부가 설계한 성당 평면도

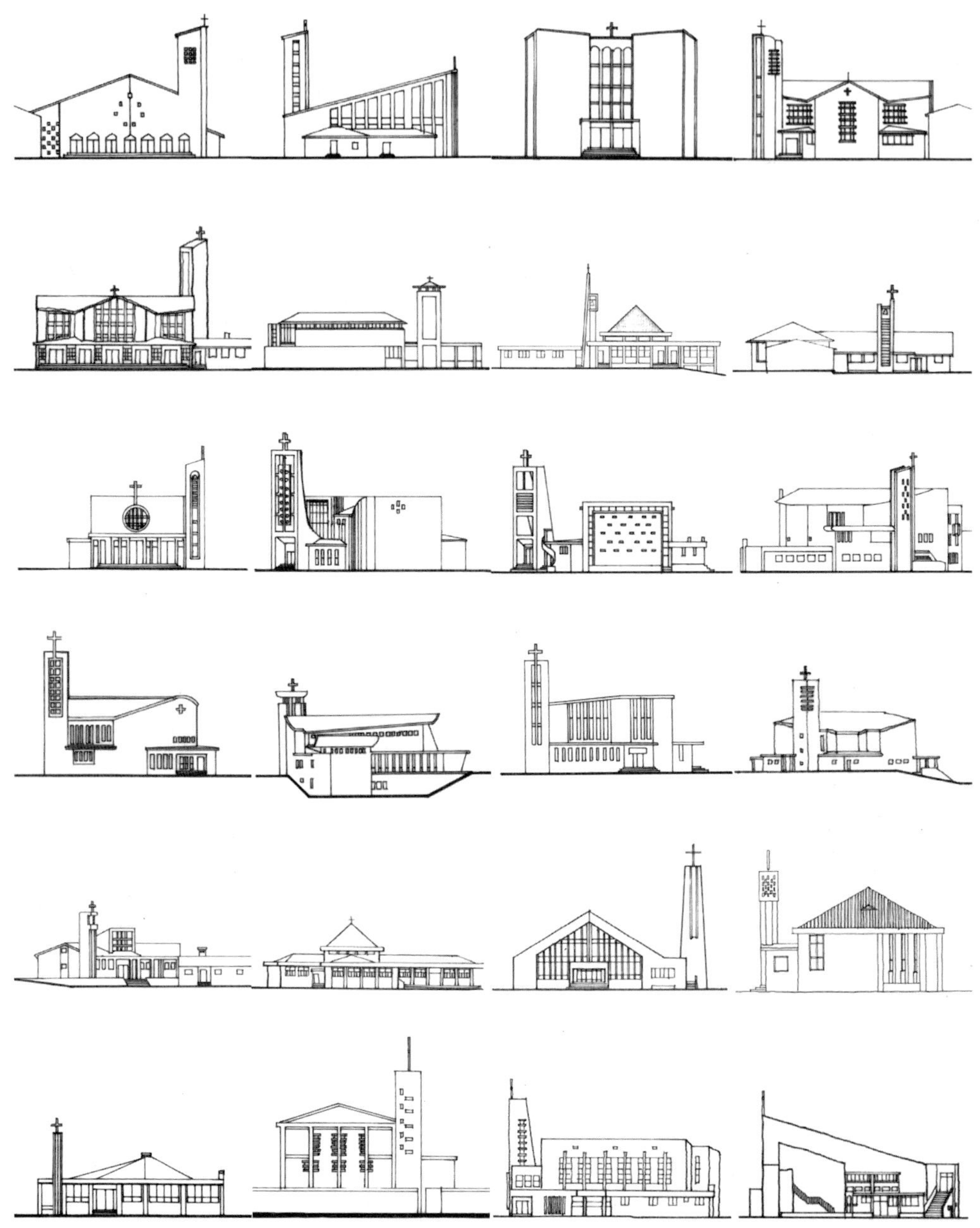

알빈 신부가 설계한 성당 입면도

오토카 울과 내당동성당

교회 건축가로 유명한 오스트리아인 오토카 울(Ottokar Uhl)은 내당동성당(1966년 건축)을 통해 그의 혁신적인 근대 교회건축의 모델을 보여주었다. 당시 세계 가톨릭 교회는 제2차 바티칸 공의회(1962년 10월~1965년 12월)를 통해 교회의 쇄신과 현대에의 적응을 본격적으로 추구하였으며, 특히 전례와 교회건축에 있어 획기적인 변화를 보여주기 시작하였다. 국내에서도 한국어로 미사를 드리기 시작하였고 교회의 토착화 문제가 논의되었다.

공의회 폐막 직후, 건축된 내당동성당은 공의회의 건축이념을 가장 명확히 반영한 모델로 당시 유럽에서는 주목을 받았던 건물이다.

이 성당은 정방형 격자상에 배치된 단순 명료한 입방체의 건물이다. 5×5×3m의 단위 매스(mass)가 네 개의 모퉁이에서 차례로 삭제되어나

내당동성당 외관

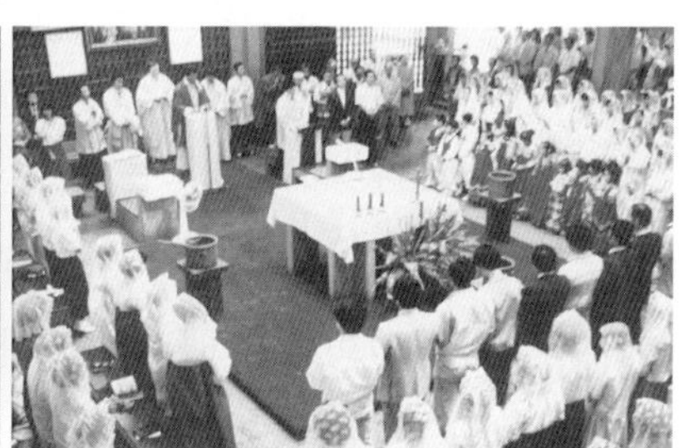

개조 전 내부 모습

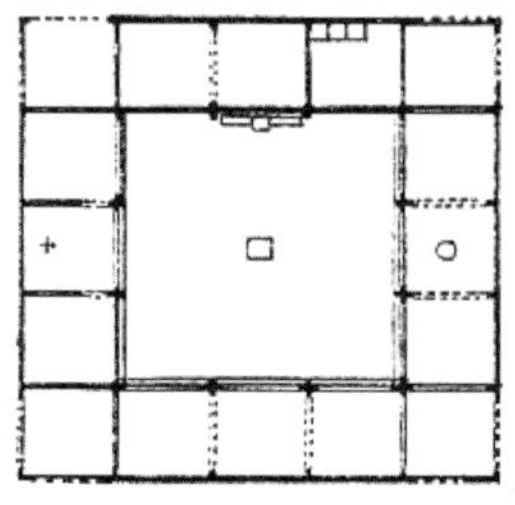

평면도(개조 전)

개조 후 내부 모습

내당동성당(1966 신축, 1978 내부 개조)

가면서 중첩되어 전체적으로 피라미드 형태를 이루고 있으며 상공에서 보면 십자가를 3중으로 겹쳐놓은 형상을 띠고 있다.

내부 공간은 제의실을 제외하고는 일체의 칸막이가 없으나 십자형 단면의 콘크리트 기둥에 의해 분절되며, 몇 단 낮은 중심부의 한 중앙에 제대가 위치하고 주변부의 좌우에 감실과 세례반이 위치한다. 중앙 집중적인 전례형태와 모듈화된 단순성, 상징성과 장소성의 개념이 주목되는 건물이다.

그러나 지은 지 20년 만에 내부 수리공사로 내부 공간의 구성과 가구배열이 완전히 바뀌었고, 당시의 혁신적인 개념과 공간형태를 찾기가 쉽지 않다. 중앙의 제대를 한쪽 끝으로 옮기고 출입구를 바꾸어서 내부 구조를 종축의 장방형으로 개조한 것이다. 제대를 중심으로 한 구심적인 배열이 한국 신자들의 보수적이고 일방적인 예배형태에 맞지 않았기 때문에 오랫동안 습관화되어 왔던 종축 장방형의 배열로 되돌아간 것이다.

내당동성당의 내부 개조는 전례공간의 본질적인 이념이 실제에 있어 수용되지 못한 결과를 보여주는 좋은 사례가 되고 있다. 아직도 제2차 바티칸 공의회의 전례정신이 완전히 교회건축에 녹아들지를 못한 한국 교회의 현상을 볼 때 1980년대에 충분히 있을 수 있었던 일이다. 다행히 골조와 외관형태는 거의 원형을 유지하고 있어 복원이 가능할 뿐만 아니라 복원논의가 제기되고 있어 언젠간 옛 모습을 되찾을 날이 기대된다.

근대주의(모더니즘)의 추구

해방 후 대학에서 건축을 공부한 한국인 건축가들이 본격적인 활동을 하면서 새로운 형태와 개념을 지닌 성당건축이 추구되었고 이들의 영향은 점차 확산되어 1970년대는 근대 성당건축이 정착되어 갔다. 그러나 한국 건축계가 서구와 같은 토양과 이념적인 근대건축운동의 과정을 갖지 못하였기 때문에 양식이나 기술의 측면에만 머문 피상적인 근대 성당건축이 대부분이었다. 60~70년대의 성당건축의 양상과 성격을 열거하면 다음과 같다.

- 아직도 고딕의 변형양식을 취한 건물이 많지만 건축가 자신의 신앙체험과 종교관에 따라 창조적인 형태가 많아지고 있다.

- 평면의 형상은 장방형 일변도에서 정방형, 삼각형, 타원형, 다각형 등 다양하게 나타난다. 이는 전례운동과 제2차 바티칸 공의회의 영향으로 성직자 중심에서 평신도 중심으로의 새로운 예배개념의 추구다. 그러나 실제 전례형태와 내부 공간 구성에까지는 연결되지 못하고 외형에만 머무는 경우가 많았다.

- 형태의 양식주의에서 탈피하여 기하학적인 형태, 조소적인 형태, 유기적인 형태, 전통적인 형태 등 다양해 진다.

- 교회가 지역사회를 의식하기 시작함으로써 사회화 현상이 나타나고 따라서 지역사회 활동기능을 포함한 다기능적 건물이 요구되고 있다.

- 도시 교회의 대부분이 필요시설 면적에 비해 대지가 영세하기 때문에 예배공간, 교육공간, 주거공간, 친교공간 등을 한 건물 속에 수직으로 중첩시켜 다층화현상을 보인다.

- 과거의 벽돌조적조 일변도에서 탈피하여 철근콘크리트 구조와 벽돌, 철골, 유리 등의 교묘한 사용으로 다양한 형태의 건축이 가능해지고 있다.

현대 교회건축의 흐름과 전망

현대의 교회건축

60년대 이후 제2차 바티칸 공의회의 영향과 사회변동에 대응한 교회건축의 현대화는 80년대에 오면서 또 다른 새로운 경향을 띠게 된다. 이러한 경향은 대도시에서부터 지방으로 점점 확산·구체화되고 있는데 그 원인으로 세 가지를 들 수 있겠다. 첫째, 교세의 확장과 교회문화에 대한 의식 증대, 둘째, 포스트모던(Postmodern) 계열의 작품태도로 대표되는 한국 건축계의 변화, 셋째, 현대사회의 다원성 등이다.

1980년대 교회건축의 특성과 문제점은 다음과 같다.

- 형태의 양식주의에서 완전히 탈피하였으며, 표현주의 경향으로 흐르고 있다. 이러한 표현주의 경향은 합리주의적인 표현이 아니라 내적 구조와 무관한 외관형태의 의미와 의미론적 표현에 집중되고 있다.

- 평면형상은 70년대의 다양한 시도로부터 다시 방형으로 되돌아간다. 이는 중앙집중적인 전례형태를 수용하지 못한 결과다. 특히 내부공간 구성이 일률적이고 감실, 세례반, 고해소 등의 장소성을 살리지 못하고 있다.

- 대도시 지역에서 교회건축의 고급화, 거대화, 다층화 현상이 일어나고 있다.

- 내부 공간의 분절이 약해지는 대신 값비싼 재료의 다양한 수법에 의한 장식과 감각적 기교가 늘어가고 있다. 즉, 공간보다는 물질적 형태와 그 의미 전달에 집착하고 있다.

■ 다원화된 현대사회에서 교회의 다양한 역할과 기능은 교회건축의 비성역화, 민주화, 인간화, 다용도화의 긍정적인 현상을 낳았다. 그러나 사회 참여가 너무 중시되고 세속화되어 인간의 존재의미 및 '하느님과의 재결합'이라는 종교의 근본문제가 불분명해지는 경우가 있다.

■ 교회건축의 이념과 실제, 기능과 구조, 형태가 일치되지 못하고 성(聖)과 속(俗), 외부와 내부가 대립·복합하는 이중성은 80년대 이후 점점 확산되는 포스트모더니즘의 영향이기도 하지만 신자들의 이중적 신앙체계를 반영한 것이기도 하다.

20세기 후반의 교회건축

그리스도교가 공인된 4세기 이후부터 현대에 이르기까지 교회는 그 신학적 해석의 변천과 건축술의 발달에 따라 실로 다양한 건축양식을 창출해내어 왔다. 불과 220여 년밖에 안 된 한국 교회도 한국 그리스도교 문화의 표상으로서 시대와 신앙을 반영하며, 나름대로의 건축양식을 변천·발전시켜 왔음은 주지의 사실이다.

그러나 한국 교회사에 큰 획을 긋는 천주교 200주년과 개신교 100주년을 전후로 하여 급격한 교세신장과 더불어 우후죽순 격으로 지어지고 있는 교회건축물들을 보면, '민족문화의 계승'이라는 차원에서, 이 땅의 그리스도인으로서, 또한 건축인으로서 반성해야 할 점이 한두 가지가 아닐 것이다. 또한 밀레니엄을 맞으면서 교회의 새로운 모습을 찾고자하는 목소리는 높으나 그 실천적인 작업은 아직 미미하기만 하다.

오늘날 우리의 교회건축은 물질의 풍요 속에 많은 자유(?)를 누리고 있다. 그러나 기능면에 있어서나 교회건축의 상징성과 진정성에 있어 훌륭한 교회건축을 찾기는 쉽지 않다. 더구나 신학적 접근 없는 교회건축의 토착화는 복합주의와 절충주의로 혼란스럽기조차 하다.

역사는 교회건축이 항상 국제적이면서도 토착적이었음을 보여준다. 특히 20세기에 들어와 서양의 교회건축은 상황화(contextualization)의 크나큰 변혁을 겪어 왔다. 그것은 혁신적인 근대건축운동과 전례운동 및 에큐메니컬(ecumenical) 운동의 결과였으며, 독일, 스위스, 오스트리아를 비롯한 유럽이 중심이었다. 과학기술의 급속한 발달은 우리의 의식을 확장시켰고 인간의 자율성에 중요한 기여를 하였다. 이러한 과학기술의 성장은 보다 나은 미래의 유일한 보장이라는 신념을 낳았고, 상대적으로 종교는 시대에 뒤떨어진 것으로 간주되어 종교의 필요성이 감소되었다. 그러나 모든 것이 정리·규정·보증되어야 하는 과학기술의 시대에도 인간의 힘으로는 어쩔 수 없는 것이 많으며, 명상, 신념, 비탄, 희열 등과 같은 종교심의 흔적이라 할 수 있는 것들이 남아 있다.

따라서 종교는 과학기술이 지배하는 물질적 삶에 보족적인 것이 될 수 있을 뿐 아니라, 나아가 우리 사회의 삶의 구조적 체계를 갖춘 일종의 공동사회를 형성하는 매개물이 될 수 있다. 여기에서 '교회는 신과의 재연합(re-association with God)' 및 '사회와의 재연합(re-association with society)'으로 현대사회에 적극적인 기여를 할 수 있는 것이다.

다원주의 시대와 교회건축의 위기

1970년대 이후의 유럽 교회건축은 다양성의 시대를 맞았다. 이미 1960년대부터 그 징조가 나타나기 시작한 포스트모던 건축의 사조는 20세기 전반 동안 진행되어 온 모던 건축의 합리주의, 기능주의, 그리고 규범적 건축의 틀에서 벗어나 역사주의, 절충주의, 표현주의, 구조주의, 지역주의 등 다양한 건축적 개념들을 실험하였고, 1980년대 후반에는 전통과 역사를 부정하는 해체주의 건축까지 등장하였다.

그러나 복합기능 공간으로서의 교회는 익명성과 세속화로 급속히 사양길로 접어들었다. 교회의 사회 참여가 너무 중시되고 세속화되어 인간의 존재의미 및 '하느님과의 재결합'이라는 종교의 근본문제가 불분명해지고, 약한 건축주와 함께 성공의 절정을 구가하였던 건축가들이 질 대신에 '게으른 타협'의 건축을 양산하였기 때문이다. 모더니즘 요소의 피상적이고 자의적인 혼합의 결과로 교회건축은 '허세부리는' 유행, 즉 새로운 절충주의로 타락하였다.

교회건축의 르네상스(부활)

그러나 그들은 탈이념과 다원주의 시대에 대응한 새로운 건축개념을 교회건축의 역사성과 정통성, 토착성의 바탕 위에 모색함으로써 밀레니엄(새천년) 전환기에 새로운 교회건축의 르네상스를 맞고 있다. 많은 교회들이 문을 닫거나 세속적인 용도로 전용되는 한편, 고속도로 교회, 휴양지 교회, 기념 교회, 피정 교회, 탈 교파 교회 등 다양한 유형의 교회가 새로이 등장하고 있다. 여기에는 또 다른 몇 가지 이유가 있다. 새로운 주거지역의 개발에서부터 일상에서의 일탈과 피난욕구다. 교회와 성당은 조용함, 명상, 자유, 최소한 피난의, 오직 '다른' 장소다. 지난 몇 년 간 외부 세계의 소음으로부터의 보호에 대한 늘어나는 요구에 대응하여 많은 건축가들은 인상적인 교회 내부를 창조하였다. 다시 한번 고상한 종교건축이 유럽의 다양한 지역문화의 다양함을 반영하고 있다.

21세기 현대 교회건축의 전망

구약시대 장소개념의 성소(聖所)로부터 건축형식을 갖춘 성막과 성전으로, 그리고 그리스도교의 독특한 교회건축의 개념이 완성되고, 시대와 전례의 변천에 따라 문화적, 정치적, 사회적 영향을 받으면서 다양한 양식의 교회건축으로 변천되어 왔다.

그러나 그리스도교 교회는 '전례'라는 기능을 담는 그릇으로서만이 아니라 그 자체로서 그리스도 공동체-하느님과 하느님 백성의 집-의 모습을 드러낸 영적인 표징으로서의 본질을 시종 잃지 않았음을 확인할 수 있다. 특히 교회건축의 위대한 시대는 교회의 시대정신을 명시한 강한 건축적인 표현을 가졌었다.

재판을 위한 로마의 포럼으로부터 파생된 바실리카는 그리스도의 심판을 세상으로 유도한 교회의 성명(聲明)이다. 고딕 대성당은, 지상 교회는 천상 예루살렘을 예시하는 것이라는 성 아우구스티노의 우주관과 신학의 구현이다. 반종교개혁시대의 바로크의 풍성함은 성찬례와 말씀의 선포를 강조한 트리엔트 공의회의 건축적인 확인인 동시에 칼뱅파의 성상반대주의(iconoclasm)와 내핍에 대한 무언의 비판이다. 고딕 부흥은 르네상스, 종교개혁, 계몽주의, 산업혁명에 의해 야기된, 점차 물질주의화되고 조각난 사회의 정신적 기초를 떠받치기 위해 '그리스도교 건축'을 갈구한 결과다. 낭만주의자들은 중세를 사회가 통합된, 영적이고 신앙으로 충만된 시대로 보았다. 산업혁명이 인간성을 빼앗은 데에 대항하여 고딕은 그리스도교 사회를 재건하기 위해 채택되었다. 유물론에 대항한 논쟁의 건축적 암시는 교황 비오 9세(1792~1878)의 근대주의(Modernism)의 거부에 의해 촉진되었다. 그리하여 고딕 부흥의 교회건축은 제2차 바티칸 공의회에 의해서, "강하긴 하지만 의문의 여지가 있는 시대착오적인 건축이 제1차 바티칸 공의회의 사고와 태도를 표현하여 왔다."고 비판될 때까지 지어졌다.[26]

그러면 더 세속화되고 다원화되어가는 현대사회에서 교회의 본성과 전통의 연속성을 유지하면서 동시에 시대정신을 명시하고 신앙의 풍성함을 추구할 수는 없을까? 제2차 바티칸 공의회가 확실히, 공개적으로 복음의 요구에 따라 세상에 응답하는 만큼 우리의 건축도 그것에 맞춰 따름으로써 실마리를 찾을 수 있다. 교회건축의 위대한 시대와 같이 우리들도 현대사회에 대응하는 강한 건축을 찾아야 한다. 이를 위해 그리스도교 신학의 기준으로서 공의회의 진실한 자의(字意)와 정신을 바탕으로 제2차 바티칸 공의회의 건축적 의제(議題)를 개척하고[27] 이를 건축 프로그램과 설계원칙에 반영하기 위한 노력을 기울어야 할 것이다.

---

26) Steven J. Schloeder, *The Architecture of the Vatican II Church*, Uni. Bath, 1989, p.15.

27) 제2차 바티칸 공의회의 전례헌장을 비롯하여 교황청의 지침과 각종 전례서 및 교회법전에 대한 건축적 해석을 통해 현대 가톨릭 성당건축의 신학적 원칙을 고찰한 예가 있기도 하다.(졸저, 『유럽 현대 교회건축』, 가톨릭출판사, 2004, 참조)

셋,

종파별 전례와 건축양식

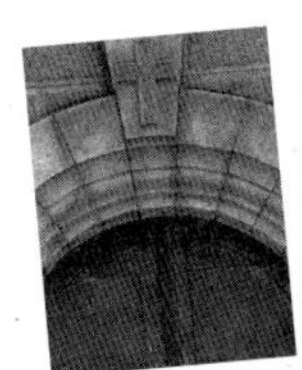

성사(라틴어: Sacrament, 聖事) 또는 성례전(聖禮典)은 눈에 보이지 않는 하느님의 은혜가 눈에 보이는 방법으로 전달되는, 쉽게 말해서 하느님의 은혜를 받는 예식이다. 그리스도교 교파별로 개신교는 성례, 성례전, 성공회에서는 성사, 성례전(전자는 성공회 기도서에서 사용하는 공식적인 교회용어이고, 후자는 교회 일부에서 사용하는 비공식적 단어), 정교회, 로마 가톨릭은 성사라고 한다. 물론 모두 같은 말이다.

성사(Sacrament)는 '성별된 것이나 행동' 혹은 '성스러운 것', '성별하는 것'이라는 뜻을 담고 있다. 또한 그리스도교인의 그리스도에 대한 복종을 상징하는 표지를 뜻하기도 하며[1] 그리스도교 신자가 자신이 그리스도교 신자임을 항상 기억하게 하는 중요한 전통이다.[2]

전례(典禮)란 희랍어 '리뚜르지아(Liturgia)'에서 유래한 말로 '공적 의무' 또는 '공적인 일'이란 뜻이고, 교회에서는 "그리스도를 믿는 신자들의 단체가 그리스도를 통하여 영원하신 성부께 드리는 공적 예배"라고 풀이한다. 따라서 공동체적인 성격을 갖고 있기 때문에 외적 형식인 예식은 필연적이다. 따라서 전례는 신앙의 원천이며 교회당은 "전례를 담는 그릇."이라고 할 수 있다.

---

1) 홍영선, 『그리스도인이 되어가는 나 그리고 우리』—성사란 무엇입니까?, 대한성공회, p.182.

2) 빌 터피 저, 김대웅 역, 『위대한 설교자 10인을 만나다(*Ten Great Preachers by Bill Turpie*)』2, 토니 캠폴로: 유머, 열정, 현실 참여의 설교자, 브니엘.

천주교

천주교 전례의 기본체계인 7성사

천주교 전례의 기본체계는 7가지 성사로 구성된다. '성사'는 인간이 하느님을 만날 수 있고, 하느님의 사랑과 은총을 실감할 수 있는 방법과 표징들이 바로 '성사'인 것이다. 즉, 신자 개인이 하느님의 특별한 은총을 받아야 할 신분의 변화나 영신적 필요를 느낄 때, 예수가 지정한 유형(有形)의 표적(表迹)을 사용하여 그 표시하는 은총을 부여하는 의식을 일컫는다. 교회에는 그리스도가 제정한 일곱 가지 성사가 있다.

① 성세성사: 미신자에게 베푸는 것으로 충분한 교리교육과 신앙실천의 준비를 갖추어 천주교 신자가 되는 관문이다. 집전자가 물로 이마를 씻으며, "나는 성부(聖父)와 성자(聖子)와 성신(聖神)의 이름으로 누구누구에게 세례를 줍니다."라고 한다. 성세를 받음으로써 원죄와 본죄의 사(赦)함을 받고 하느님의 자녀가 되어 다른 성사를 받을 자격을 얻는다.

세례는 성직자(주교·신부·부제)가 집전하지만, 성직자가 없을 때에는 누구나 집전할 수 있다. 천주교 밖에서 받은 세례도 재료와 형상이 바로 지켜졌다면 유효한 세례로 인정된다. 또한 세례받을 뜻을 가졌지만 세례를 미처 받지 못하고 순교하였다면 혈세(血洗)를, 달리 죽었으면 화세(火洗)를 받음으로써 성세성사의 효과를 받는다.

② 견진성사는 신자에게 성령을 내려주고 세속과 싸울 수 있는 힘을 주는 성사로 이마에 기름을 바르고 안수(按手)하며, "성신특은(聖神特恩)의 날인을 받으시오"라는 집전자의 말로 이루어진다. 견진성사의 집

전자는 주교다. 그렇지만 교황이나 주교의 특별 허락으로 신부가 집전할 경우에도 주교가 축성한 기름을 사용해야 한다.

③ 성체성사는 미사 때 축성된 빵과 포도주를 받아먹는 의식을 뜻한다. 이를 영성체(領聖體)라고 하며, 축성된 빵과 포도주의 형상 속에 살아 있는 예수를 마음 속에 모시게 된다. 성체성사는 7성사 중 가장 큰 성사로, 다른 성사들은 성체성사를 위한 준비이고 영성체로 완성된다.

④ 고백성사는 세례를 받은 뒤에 지은 죄를 사해 주는 성사로, 신자가 자기 죄를 뉘우치며 신부에게 고백하면, 신부는 "성부와 성자와 성령의 이름으로 이 교우의 죄를 사하나이다"라고 말하여 죄를 사해 준다. 물론 죄의 사함을 받기 위해서는 자기 죄를 진정으로 뉘우치고 다시는 죄를 짓지 않겠다는 결심이 있어야 한다. 한편 고백을 들은 신부는 어떠한 경우에도 비밀을 지켜야 한다.

⑤ 병자성사는 병으로 고생하는 신자에게 고통을 덜어 주고 시련을 극복할 수 있도록 도와 주는 성사다. 이미 말을 할 수 없을 경우라면 고백하지 못하는 죄도 사해 준다. 이마와 두 손에 성유(聖油)를 바르며, 신부가 "이 병자를 죄에서 해방시키시고 구원해 주시며, 자비로이 그 병고도 가볍게 해주소서"하며 기도한다.

⑥ 신품성사는 교회의 성직자를 서임(敍任)하는 성사로서, 부제품·사제품·주교품의 3단계의 신품이 있다. 주교만이 신품성사를 집전할 수 있는데, 안수(형상)와 축성기도(형상)로 이루어진다.

⑦ 혼인성사는 혼인으로 은총을 받아 종신토록 서로 화목하고 자녀를 낳아 기르도록 도와주는 성사다. 혼인성사의 집전자는 부부 자신들이며, 서로의 몸이 재료이고 "아내로 맞아들입니다", "남편으로 맞아들입니다" 하는 동의가 형상이다. 주례신부나 부제는 특수 증인일

뿐이다.

이상 7성사 중 성세·견진·신품은 일생 동안 한 번만 받고, 다른 네 가지 성사는 필요할 때 계속해서 받을 수 있다.

미사

미사(라틴어: Missa)는 로마 가톨릭교회에서 하느님을 찬양하는 최고의 기도이며, 로마 가톨릭 교회의 일곱 성사 가운데 하나인 성체성사가 중심을 이루는 라틴 전례양식이다. 미사 전례의 집전은 로마 가톨릭 교회에서 유효하게 서품된 사제만이 할 수 있으며 부제, 복사 등과 함께 평신도는 고유 직분 및 역할로서 이에 참여한다.

미사 전례는 시작 예식, 마침 예식과 함께 크게 성경봉독과 강론을 통해 하느님의 말씀을 듣는 말씀전례 부분과 예수 그리스도의 최후 만찬[28]을 재현하고 성체와 성혈을 모시는 성찬전례 부분으로 나뉜다. 그러나 이 둘은 서로 밀접히 결합하여 단 하나의 전례를 이루는 것으로 별개의 것으로 분리시키거나, 어느 하나를 종속적인 것으로 생각할 수는 없다.

미사는 '보내다', '파견하다'라는 뜻을 가진 라틴어 'missa'에서 유래하였다. 라틴 전례의 미사에서, 마침 예식의 맨 마지막에 이르면 사제 또는 부제가 "가십시오. 나는 그대를 보냅니다.(Ite, missa est)"라고 하는데, 여기에서 'missa'가 전례 자체를 일컫는 말로 변화하였다. 미사의 구성과 절차는 다음과 같다.

---

28) 루카복음 22장 7~23절.

개회식

회중이 모인 다음 사제가 제의를 입고 부제 한 명과 복사 등의 봉사자들을 대동하고 입당 행렬을 하여 제대 앞으로 나아간다. 부제는 복음집을 조금 높이 받쳐 들고 가며, 제대 위에 복음집을 안치한다. 만약 부제가 없을 경우 독서사가 부제의 역할을 대신한다. 그리고 복사들은 미사성제에 사용할 행렬 십자가와 촛불 및 향로 등을 들고 간다.

입당송: 행렬이 진행되는 동안 교우들은 성가대와 함께 전례 시기나 그날에 거행하는 전례의 신비에 맞는 입당 성가를 부른다. 입당 성가를 부르지 않는 경우에는 모든 교우들 또는 독서자가 입당송을 낭송하는 것으로 대신할 수 있다. 만약 둘 다 여의치 않을 경우에는 사제가 직접 입당송을 낭송한다. (때로는 향을 피우고)제대 앞에 이르면 사제, 부제, 그리고 다른 봉사자들은 계단을 오르기 전에 제대에 존경의 표시로 궤배(跪拜)를 한다. 이어 사제와 부제는 제대에 입을 맞춘다. 그러나 한국 천주교 주교회의는 입맞춤과 궤배[29]를 모두 허리를 굽혀 목례하는 것으로 대신하기로 정했다.[30]

성호경: 입당 성가가 끝나면 사제는 회중과 함께 십자성호를 그으며 "성부와 성자와 성령의 이름으로"라고 하면, 회중은 "아멘"으로 대답한다. 이어서 사제는 "사랑을 베푸시는 하느님 아버지와 은총을 내리시는 우리 주 예수 그리스도와 일치를 이루시는 성령께서 여러분과 함께" 또는 간단히 "주님께서 여러분과 함께" 하고 교우들에게 인사하면 교우들은 "또한 사제와 함께" 하고 사제에게 인사한다. 이러한 인사는 바오로 서간에서 유래한 것이다.

---

29) 무릎을 꿇고 절함.
30) 새 미사 전례서 총지침(2002년)에 따른 간추린 미사 전례 지침 1, 일반지침, p.14.

참회(고백의 기도): 인사가 끝나면 사제는 "형제 여러분, 구원의 신비를 합당하게 거행하기 위하여 우리 죄를 반성합시다"라고 하면서 교우들에게 참회하도록 권고한 다음 교우들의 성찰을 돕기 위하여 잠시 침묵의 시간을 갖는다. 침묵이 끝나면 사제는 회중과 함께 하느님에게 죄를 고백하면서, 성모 마리아와 모든 천사와 성인들에게 전구를 청한다. 이때 "제 탓이요, 제 탓이요, 저의 큰 탓이옵니다" 부분에서는 가슴을 세 번 친다.

자비를 구하는 기도: 죄를 고백한 후 사제는 "전능하신 하느님, 저희에게 자비를 베푸시어 죄를 용서하시고 영원한 생명으로 이끌어주소서"라는 내용의 사죄경을 바친다. 참회 예식을 했을 때에는 참회 예식에 이어 언제나 자비송(Kyrie)을 바친다. 사제와 회중 또는 성가대와 회중, 선창과 회중이 한 부분씩 맡아 교대로 자국어 또는 본래 언어인 그리스어로 노래하거나 낭송한다.

대영광송: 대영광송(Gloria in Excelsis Deo)은 성령 안에 모인 교회가 성부와 성자에게 찬양과 간청을 드리는 매우 오래된 고귀한 찬미가다. 대림과 사순 시기를 제외한 모든 주일과 대축일, 축일 그리고 특별히 성대하게 지내는 경축 미사 때에 모두 일어서서 노래하거나 낭송한다. 찬미의 노래인 대영광송은 먼저 성부에게 성탄절 밤에 천사들이 노래한 성경 구절로써 찬미와 감사를 드리며 성부의 엄위와 영광을 찬송한다. 다음 하느님의 아들인 그리스도의 신성을 드높이고 그의 구원 업적과 그로 인하여 받은 영광을 찬양한다. 끝으로 성령에게도 감사와 영광을 드리며 삼위일체적 조화로 끝을 맺는다. 대영광송은 사제가 시작하고, 모두 함께 노래하거나 회중과 성가대가 교대로 또는 성가대 홀로 바친다. 자비송과 마찬가지로 자국어 또는 본래 언어인 라틴어로 바친다.

본기도: 대영광송을 마치면 사제는 "기도합시다"라고 하면서 회중에

게 기도하자고 초대한 다음 잠시 침묵한다. 그리고 본기도를 바친다. 본기도는 미사성제 중에 바치는 첫번째 공적 기도이며, 모든 신자들의 마음 속 청원을 모아서 미사를 주례하는 사제가 대표로 바치는 기도다. 따라서 사적인 것을 첨가할 수 없다. 이 기도는 교회의 오랜 전통에 따라 관례적으로 그리스도를 통하여 성령 안에서 성부에게 바치며, 삼위일체적인 긴 경문으로 마감한다.

말씀의 전례

독서: 주일과 대축일에는 세 개의 독서를, 평일에는 두 개의 독서를 봉독한다. 성경 봉독은 언제나 독서대에서 하는 것이 원칙이다. 세 개의 독서를 하는 경우 제1독서로 구약성경을 봉독하며, 부활시기에는 사도행전을 봉독한다. 제1독서가 끝난 후에는 화답송을 노래하거나 낭송한다. 화답송은 시편이나 경우에 따라서는 서간으로 되어 있다. 화답송의 후렴은 모든 신자들이 함께 하고 각 단은 성가대나 주송자가 노래하거나 낭송하는 것이 정상적이다. 제2독서는 신약성경을 봉독하는데, 보통 바오로 서간을 많이 봉독한다. 독서자가 말씀을 봉독한 다음에는 모두 잠시 침묵을 지킨다. 그리고 독서자는 말씀 봉독이 끝났다는 표시로 "주님의 말씀입니다"라고 말한다. 그러면 회중은 "하느님 감사합니다"라고 응답한다. 독서를 세 개 할 때는 제2독서 끝에 복음 환호송을 노래하거나 낭송한다.

알렐루야: "하느님을 찬미하라"라는 뜻으로 부활 대축일에만 합송했는데. 현재는 사순절을 제외하고는 언제나 합송한다. 알렐루야는 기쁜 마음을 나타내는 동시에 복음을 받아들일 마음을 준비하는 기도다. 복음 환호송은 모두 일어나서 하는데, 알렐루야(Alleluia)나 따름구절 다음의 성구는 성가대나 선창자가 인도하며, 회중은 후렴을 반복한다.

　　복음: 복음서 봉독은 마지막 독서이자 말씀 전례에 있어서 단연 중심을 이루고 있다. 그래서 복음 봉독은 부제 이상의 교역자가 선포하며, 회중은 복음을 들을 때에 모두 일어서서 듣는다. 사제가 주례하는 미사에서 부제가 복음을 선포할 때에는 먼저 부제가 사제에게 가서 강복을 청한 다음 복음을 선포한다. 그리고 복음 선포를 하기에 앞서 복음집에 향로를 세 번 흔들어 분향한다. 부제(부제가 없으면 사제)가 "주님께서 여러분과 함께" 하면 신자들은 "또한 부제(또는 사제)와 함께" 하고 응답한다. 그 다음 부제(또는 사제)는 이제 봉독하는 복음이 누구의 것임을 알리면서 동시에 엄지로 자기의 이마와 입술과 가슴에 십자가를 긋는다. 이와 함께 회중은 "주님, 영광 받으소서"라고 말하면서 자기의 이마와 입술과 가슴에 십자가를 긋는다. 이는 신앙을 머리로 깨닫고 입으로 고백하며 마음에 고이 간직해야 한다는 뜻이다. 장엄하게 복음을 선포할 때에는 선포하는 복음 전체를 노래로 하기도 한다. 복음을 봉독한 후에 부제(또는 사제)가 "주님의 말씀입니다" 하면 회중은 "그리스도님, 찬미합니다" 하고 응답한다.

　　강론: 복음 봉독 후에 사제는 선포된 말씀을 교우들이 더 깊이 이해하고 삶에서 실천할 수 있도록 하기 위해 강론을 한다. 강론은 그날 전례와 독서에 바탕을 두어야 하며, 통상 독서대나 주례석에서 한다. 하느님의 심오한 신앙 진리를 담고 있는 성경 말씀을 설명하는 강론은 본래 신앙의 수호자인 주교만이 할 수 있었지만, 후대에 와서 주교들은 부제와 사제들에게도 이 권한을 위임하였다. 오늘날에도 적어도 부제품을 받아야만 강론을 할 수 있다. 교회는 주일과 대축일에는 신자들이 참여하는 모든 미사성제에 강론을 해야 한다고 규정하였고, 평일이라도 대림시기와 사순시기, 부활시기 등 신자들이 많이 모이는 기회에는 되도록 강론을 하라고 권장하고 있다. 강론 다음에도 묵상을 위

하여 잠시 침묵한다.

사도신경: 강론이 끝났으면 다 같이 자국어 또는 본래 언어인 라틴어로 신앙 고백(Credo)을 한다. 신앙 고백 때 바치는 신경은 그리스도교의 신앙 진리들을 요약한 것으로 하느님의 천지창조에서부터 그리스도의 강생과 수난과 부활과 승천 그리고 성령 강림으로 이룩된 구원의 역사와 그를 계승하는 교회와 성사, 영원한 생명에 대한 신앙 고백이요, 세례를 받았을 때 처음으로 약속하고 서약한 신앙을 새롭게 하고 신앙 고백을 재확인하는 것이다. 주일과 대축일에는 니케아-콘스탄티노폴리스 신경을 바치며, 때에 따라서는(특히 부활절이나 성령강림주일) 사도신경을 바칠 수도 있다.

신자들의 기도: 보편 지향 기도 부분에서 신자들은 하느님의 백성으로서의 사제직을 수행하며 모든 사람을 위하여 기도한다. 기도 지향은 교회를 위한 것, 모든 사람과 온 세상의 구원을 위한 것이어야 한다. 기도 지향 순서는 보통 교회에 필요한 일들, 위정자와 세상 구원, 도움이 필요한 이들, 지역 공동체를 위한 지향 등으로 진행된다. 그러나 특수한 행사 때나 견진성사, 혼인미사, 장례미사 때에는 그 특수 목적을 기도 지향에 포함시킬 수 있다. 이 기도는 독서대나 다른 적절한 곳에서 부제나 선창자 또는 독서자나 평신도가 바친다. 사제는 간단한 권고로 신자들에게 기도할 뜻을 자극해 주고, 맺는 기도로 마감한다. 신자들은 공동으로 "주님, 저희의 기도를 들어주소서"라고 응답함으로써 그 기도 지향에 동의한다.

성찬의 전례

성찬 전례 전체의 중심이 되는 식탁인 제대에는 먼저 성체포, 성작수건, 미사 경본 등을 준비해 놓는다.

제물 봉헌: 그 다음에 신자들 가운데 남녀 대표가 입구에서부터 그리스도의 몸과 피로 축성할 예물인 빵과 포도주[31]를 들고 제대 앞으로 나아간다. 행렬이 진행되는 동안 성가대와 회중은 봉헌 성가를 부른다. 사제 또는 부제는 적당한 자리에서 예물을 받아 일정한 예식으로 제대에 갖다 놓는다. 예물을 제대 위에 놓고 준비를 다 마칠 때까지 성가대와 회중은 계속 봉헌 성가를 부른다. 행렬이 없더라도 사제가 직접 예물을 준비하는 동안 봉헌 성가를 부를 수 있다. 사제는 제대에 가서 빵이 담긴 성반을 조금 들어 올려 조용히 예물 준비 기도를 바친 다음 성체포에 놓는다. 그리고 포도주가 담긴 성작에 물을 조금 섞은 다음 조금 들어 올려 조용히 예물 준비 기도를 바친 후 성체포에 놓는다. 이어서 사제는 제대 한쪽으로 가서 물로 손을 씻으며 조용히 "주님, 제 허물을 말끔히 씻어주시고 제 잘못을 깨끗이 없애주소서" 하고 기도한다.

예물 준비를 마쳤으면 사제는 제대 한가운데로 가서 교우들을 향하여 "형제 여러분, 우리가 바치는 이 제사를 전능하신 하느님 아버지께서 기꺼이 받아주시도록 기도합시다." 하고 말한다. 그러면 회중은 모두 일어나서 "사제의 손으로 바치는 이 제사가 주님의 이름에는 찬미와 영광이 되고 저희와 온 교회에는 도움이 되게 하소서" 하고 말한다. 이어서 사제는 예물기도를 바치며, 기도가 끝나면 회중은 "아멘"으로 응답한다.

---

31) 제물이 없는 제사는 있을 수 없다. 그러므로 성찬의 전례가 시작될 때 신자들은 그리스도의 성체와 성혈이 될 빵과 포도주를 대신하여 헌금을 하게 된다. 빵과 포도주는 인간의 수고로 이루어진 것으로 우리 인간이 먹고 사는 음식이면서 우리의 전 생명을 뜻한다. 제물로 사용되는 빵은 누룩이나 다른 물질이 들어가지 않은 순수한 밀로 만든 것이며, 포도주 또한 순수한 것이어야 한다.

감사송: 그리스도가 인류 구원을 위하여 이 세상에 오시어 죽으시고 부활하신 사적을 회상하며, 당신 살과 피를 우리에게 주심을 감사하고, 이런 위대한 사업을 하시도록 당신 아드님을 보내주신 천주성부께 감사하는, 미사 전체의 중심이요 정점인 기도다. 사제와 회중이 서로 교송으로 함께 참여하는 방식으로 진행된다. 사제와 회중의 교송은 보통 말씀 전례 때와 똑같은 상호인사로 시작하며, 그 다음에 사제는 회중에게 "마음을 드높이" 하고 말한다. 그러면 회중은 "주님께 올립니다" 하고 화답한다. 그러면 사제는 성찬례의 위대한 시간의 도입을 알리는 뜻에서 "우리 주 하느님께 감사합시다"라고 말한다. 이에 회중은 "마땅하고 옳은 일입니다"라는 말로 동의한다. 그런 다음 사제는 하느님의 백성 전체의 이름으로 하느님을 찬양하고 그리스도의 구원 업적 전체에 대해서, 또는 그날과 축일 또는 그 시기의 특별한 신비에 대해서 감사를 드리는 감사송을 바친다.

거룩하시다(Sanctus): 사제가 감사송을 다 바치면 회중과 성가대는 곧바로 "거룩하시도다"를 자국어 또는 본래 언어인 라틴어로 환호한다. "거룩하시도다! 거룩하시도다! 거룩하시도다! 온 누리의 주 하느님! 하늘과 땅에 가득 찬 그 영광! 높은 데서 호산나! 주님의 이름으로 오시는 분, 찬미 받으소서. 높은 데서 호산나!" 거룩하시도다는 이사야 예언자가 들었던 천사의 찬미 노래[32]와 예수가 예루살렘에 입성할 때에 백성들이 팔마와 올리브 가지를 들고 환영하던 환호 소리[33]로 엮어졌다. 이 환성은 그리스도의 구속 사업으로 인하여 천상과 지상에 하느님의 영광이 드러났음을 찬미하며, 우리의 임금이며 대사제로 온 그리

---

32) 이사 6,3 참조.
33) 마태오 복음 21,9 참조.

스도에게 감사와 찬미를 드리고 그를 환영하는 것이다.

거룩한 변화를 위하여: 모든 것을 거룩하게 하는 것은 성령의 힘이다. 사제는 준비된 예물인 빵과 포도주에 십자를 긋고, 손을 펴서 성령의 작용을 청한다. 사제는 성령의 힘으로 이 예물을 거룩하게 축성하여 그리스도의 몸과 피로 변화시켜 줄 것을 청원하고, 흠 없는 제물이 영성체 때 이를 받아 모시는 이들에게 구원이 되도록 간구하는 성령 청원 기도(Epiclesis)를 바친다. 감사 기도의 가장 중요한 성령 청원 기도는 성령의 역할을 강조하는 것으로, 성변화는 이 성령 청원 기도를 통하여 완성된다고 할 수 있다. 복사는 축성 바로 전에 종소리로 신자들에게 신호를 줄 수 있다.

거룩한 변화: 성체와 성혈의 거양 때 회중의 올바른 자세로 장궤하고 성체와 성혈을 바라보면서 마음속으로 그리스도의 현존을 경배하는 것이다. 1907년 교황 비오 10세는 성체와 성혈을 바라보며 사도 토마스처럼 마음속으로 "나의 주님, 나의 하느님"이라고 고백할 것을 권고하였다.

최후의 만찬에 관한 이야기는 감사 기도 중에 절정을 이룬다. 성찬 제정과 축성문은 그리스도가 제자들과 최후의 만찬을 함께 하면서 했던 말과 행위를 그대로 재현함으로써 빵과 포도주를 그리스도의 몸과 피로 축성하여 회중이 바라볼 수 있도록 각각 높이 들어올린다. 성체와 성혈을 거양할 때 복사는 종을 친다.

신앙의 신비여: 빵과 포도주를 축성한 후 사제가 "신앙의 신비여!" 하고 말할 때 회중은 제시되어 있는 양식문 가운데 하나를 골라 환호한다. 이는 거룩한 변화로써 이루어진 성체와 성혈, 곧 그리스도의 몸과 피에 대한 존경심과 경외심에서 나온 환성이다. 회중은 그리스도가 재림할 때까지 그의 죽음과 부활을 굳게 믿고 전한다고 외친다.

끝영광송: 사제는 교회와 그의 모든 지체, 곧 산 이와 죽은 이들을 기억하며 그들을 위하여 간구한다. 이때 교황과 교구장 주교를 비롯하여 모든 성직자를 위해서도 간구한다. 전구 끝에 사제는 성체가 담긴 성반과 성혈이 담긴 성작을 들어 올리고 홀로 "그리스도를 통하여, 그리스도와 함께, 그리스도 안에서, 성령으로 하나 되어…"로 시작하는 마침 영광송을 바친다. 회중은 끝에 "아멘"으로 환호한다. 그 다음에 사제는 성반과 성작을 성체포 위에 내려놓는다.

영성체 예식

사제와 회중이 함께 자국어 또는 라틴어로 주님의 기도(Pater Noster)를 노래하거나 낭송하는 형식으로 바친다. 사제는 부속 기도로 주님의 기도 말미에 "주님, 저희를 모든 악에서 구하시고 한평생 평화롭게 하소서. 주님의 자비로 저희를 언제나 죄에서 구원하시고 모든 시련에서 보호하시어 복된 희망을 품고 구세주 예수 그리스도의 재림을 기다리게 하소서."를 덧붙인다. 그러면 회중은 "주님께 나라와 권능과 영광이 영원히 있나이다."라는 응답으로 기도를 끝맺는다.

이어서 사제는 평화 예식을 거행하기 위하여 다음과 같이 기도한다. "주 예수 그리스도님, 일찍이 사도들에게 말씀하시기를 '너희에게 평화를 두고 가며 내 평화를 주노라.' 하셨으니 저희 죄를 헤아리지 마시고 교회의 믿음을 보시어 주님의 뜻대로 교회를 평화롭게 하시고 하나 되게 하소서" 사제는 그리스도의 평화가 사람들에게 내리기를 희망하며 "주님께서는 영원히 살아계시며 다스리시나이다"라고 읊조린다.

평화의 인사: 이어서 부제나 사제가 교우들에게 서로 평화와 사랑의 인사를 하도록 권고한다. 교우들은 서로 묵례나 합장, 악수 등으로 알맞게 인사를 나누며 "평화를 빕니다"라고 말한다.

　　성체를 나눔: 사제가 축성된 빵을 들어 성반에서 쪼개어 그 작은 조각을 성작 안에 넣으며 조용히 기도하는 동안 성가대와 회중은 하느님의 어린 양(Agnus Dei)34)을 자국어 또는 라틴어로 노래하거나 낭송한다. 그 다음에 사제는 손을 모으고 속으로 영성체 기도를 바친다. 기도가 끝나면 사제는 무릎을 꿇은 다음 일어나서 축성된 빵을 성반이나 성작 위에 받쳐 들고 회중을 향하여 "하느님의 어린 양, 세상의 죄를 없애시는 분이시니 이 성찬에 초대받은 이는 복되도다"라고 선창한다. 그러면 회중은 "주님, 제 안에 주님을 모시기에 합당치 않사오나 한 말씀만 하소서. 제가 곧 나으리이다"라고 화답한다. 이어서 사제는 제대를 향해 서서 속으로 기도하면서 성체와 성혈을 경건하게 모신다. 사제가 성체와 성혈을 모시는 동안 회중은 영성체송을 낭송한다.

　　영성체 예식: 사제는 성반 또는 성합을 들고 보통 행렬을 지어 영성체를 하러 줄지어 나오는 신자들에게 다가간다. 영성체할 자격이 있는 사람은 가톨릭 교회에서 정식으로 세례를 받은 이에 한해서만 가능하다. 영성체하는 이들이 많을 때는 사제가 부제나 성체 분배 권한이 있는 시종직을 부여받은 신자들을 불러 도움을 받을 수 있다. 영성체를 하는 이는 세 사람 전에서 허리를 깊이 숙여 인사한다. 성체 분배자는 성체를 조금 들어 올려 각 사람에게 보이며 "그리스도의 몸" 하고 말한다. 영성체를 하는 이들은 "아멘"이라고 응답하며 입으로 성체를 모시거나 아니면 손으로 성체를 모신다. 손으로 모실 경우 왼손 바닥에 성체를 받으면 제대를 향한 채 네 걸음 옆으로 나와서 오른손의 엄지손가락과 검지손가락으로 성체를 집어서 입에 넣는다. 성체를

---

34) 천주의 어린 양은 구약의 제사 때 많이 쓰인, 무죄하고 양순하다는 뜻의 어린 양을 뜻하며, 신약의 재물이 되신 양처럼 무죄이시면서 희생되신 예수 그리스도를 뜻한다.

받는 순간 또는 받은 직후 인사는 하지 않는다. 성체는 될 수 있는대로 침으로 녹여 삼킨다.

일반적으로는 성체만 모시는데(단형 영성체), 특별한 경우에는 양형 영성체도 허락된다. 양형 영성체는 두 가지 방식으로 분배한다. 성혈을 성작에서 직접 마시는 경우에는 성체를 받은 다음 성작 봉사자에게 가서 그 앞에 선다. 봉사자는 "그리스도의 피"하고 말하고 영성체하는 사람은 "아멘"하고 응답한다. 이어서 봉사자가 성작을 건네주면 영성체하는 사람은 두 손으로 성작을 잡아 입에 대고 조금 마신다. 그 다음 성작을 봉사자에게 돌려주고 되돌아간다. 봉사자는 성작 수건으로 성작 가장자리를 닦는다.[35] 축성된 빵을 성혈에 적셔서 모실 경우에는 턱 밑에 받침 성반을 받쳐 들고 사제에게 다가간다. 사제는 거룩한 성체 조각을 담은 그릇을 잡고 있으며 그 옆에서 부제 또는 봉사자가 성작을 들고 서서 도와준다. 사제는 축성된 빵을 집어 한 부분을 성작에 적신 다음 그것을 보이면서 "그리스도의 몸과 피"하고 말한다. 영성체하는 사람은 "아멘"하고 응답하고 사제에게서 입으로 성사를 모신 다음 되돌아간다.

회중이 모두 성체를 모실 때까지 성가대는 성체성가를 노래한다. 영성체하는 이들도 성체를 모신 후에는 성가를 따라 부를 수 있다.

성체 분배가 끝나면 사제는 남은 성혈을 자신이 제대에서 곧바로 전부 모신다. 남은 성체는 제대에서 모시거나 성체 보관을 위한 곳(감실)으로 옮겨간다. 사제는 제대로 돌아와 성반이나 성합을 성작 위에서 깨끗이 하고 성작을 성작 수건으로 닦는다. 제대에서 거룩한 그릇들을 깨끗이 했다면 봉사자가 주수상으로 가져간다. 그릇을 씻은 다음 사제

---

35) 로마 미사 전례서 총지침 286항.

는 주례석으로 되돌아갈 수 있다. 얼마 동안 사제와 회중은 거룩한 침묵을 지키며 성체에 대한 감사를 드리며 묵상을 하거나 시편 또는 찬양의 특성을 지닌 다른 찬가나 찬미가를 바칠 수 있다.

영성체 후의 기도: 그 다음에 사제는 제대나 주례석에 서서 "기도합시다" 하고 말한다. 이어서 영성체 후 기도를 바친다. 기도 끝에 회중은 "아멘"으로 환호한다.

폐회식

영성체 후 기도가 끝난 다음 필요에 따라 사제는 교우들에게 사목적 권고나 공지사항을 짤막하게 말할 수 있다.

사제의 축복: 그 다음에 사제는 회중에게 "주님께서 여러분과 함께" 하고 인사하며 회중은 "또한 사제와 함께" 하고 응답한다. 이어서 사제는 다시 손을 모았다가 곧바로 왼손을 가슴 위에 놓고 오른손을 들어 "전능하신 천주" 하고 말하고 회중 위에 십자 표시를 하면서 "성부와 성자와 성령께서는 여기 모인 모든 이에게 강복하소서"라고 한다. 그러면 회중은 모두 "아멘" 하고 응답한다. 특별한 날에는 이 강복 앞에 장엄 축복이나 백성을 위한 기도를 할 수 있다.

파견: 사제의 강복이 끝나면 부제나 사제가 손을 모으고 "미사가 끝났으니 가서 복음을 전합시다", "주님을 찬미합시다" 등의 알맞은 말을 하며 파견한다. 라틴어 미사에서는 간단하게 "Ite, missa est"라고만 말하며 파견한다. 회중은 모두 "하느님 감사합니다"라고 응답한다.

그 다음 사제와 부제는 보통 제대에 입을 맞추어 경의를 표시한다. 이어서 평신도 봉사자들과 함께 제대에 깊은 절을 한 다음 그들과 함께 제대를 떠난다. 제대를 떠나는 행렬이 끝날 때까지 성가대와 회중은 파견 성가를 노래한다

가톨릭 교회를 내적으로 쇄신하고 현대에 적응시키며 외적으로는 문호를 개방하여 그리스도교 세계의 일치를 촉진시키기 위해 소집된 제2차 바티칸 공의회(1962년 10월~1965년 12월)는 '거룩한 전례에 관한 헌장(Sacrosanctum Concilium)' 등 4개의 헌장과 9개의 교령, 3개의 선언을 발표함으로써 현대 교회에 대한 세부적인 지침을 마련하였으며, 또한 현대 교회건축의 방향을 제시해 주고 있다. 그 내용은 현대적 상황에 대한 교회와 사회, 문화, 예술 등의 거의 모든 세부적 사항을 집대성한 것인데 궁극적인 목표는 '신앙을 풍요롭게 함'이었다.

공의회를 소집한 교황 요한 23세가 주창한 2가지 원칙은 '아조르나멘또(aggiornamento: up-date)'와 '파르티치파시오 악뚜오사(participatio actuosa: active participation)'였는데 이것은 둘 다 교회의 전례와 건축에 광범위한 영향을 주었다.

'아조르나멘또'는 개혁이 아닌 쇄신 적응을 의미한다. 전례는 '신적 제정(神的制定)이기 때문에 변경할 수 없는 부분과, 시대의 변천에 따라 변경할 수 있고, 또한 그 전례의 본질인 내적 성질에 덜 부합되는 것이 삽입되었거나 덜 적합하게 이루어진 것이 나타나면 변경하여야 하는 부분으로 구성되어 있기'(전례헌장 21) 때문이다. 전례와 교회건축의 역사적 변천과정에서 전개되었던 적잖은 양식과 장식요소들이 제거되거나 변경되었다.

'파르티치파시오 악투오사'-미사에서 평신도들의 능동적인 참여의 고무-는 전례혁신의 중요한 부분이다. 그리스도인의 예배는 그 시초부터 회중들의 완전한 참여를 전제로 하였으나 중세에 와서 일반 신자

---

36) 졸저, 『유럽 현대교회건축』, 가톨릭출판사, 2004 참조.

들은 피동적이고 수동적인 역할만 하였다. 제2차 바티칸 공의회에서는 다시 신자들의 적극적이고 완전한 참여를 공식화하고 있다.

전례의 변화와 가톨릭 교회의 현대화는 60년대 이후의 성당건축에 획기적인 변화를 초래하였다. 20세기 초 전례운동의 일환으로 유럽 일부에서 시도되었던 성당건축의 변혁은 이제 전 세계적으로 공식화되고 보편화되었으며, 토착화가 중요한 문제로 등장하였다. 현대 성당건축의 특성과 문제점은 다음과 같다.

① 형태의 양식주의(樣式主義)에서 완전히 탈피하였으며, 기하학적이고 추상적인 형태, 자유롭고 창조적인 형태가 강조되고 있으며 표현주의 경향도 대두하고 있다.

② 전통적인 바실리카식 평면형태에서 벗어나 장방형, 정방형, 다각형, 원, 타원형, 등 다양한 평면형태가 시도되고 있다.

③ 교회가 지역사회와 밀접한 관계를 맺음에 따라 세속화(비성역화)되고 전례 외에도 다양한 기능을 수용함으로써 다용도화·복합화되고 있다. 성당은 이제 성스러운 장소(성소)만이 아닌 '신앙 공동체의 집'으로서 공동체의 모든 활동이 이곳에서 이루어지게 되었다.

④ 종교건축의 전통적인 성성(聖性, 거룩함)의 추구가 내부 공간의 구성과 상징으로부터 감각적이고 기호적인 장식, 형태표현으로 변하고 있다. 즉, 공간보다는 물질적 형태와 그 의미 전달에 집착하고 있다.

⑤ 성당건축의 이념과 실제, 기능과 구조·형태가 일치되지 못하고 성(聖)과 속(俗), 외부와 내부가 대립·복합하는 이중성을 보여주고 있다. 이는 다원주의 시대의 한 특성이기도 하고 신자들의 이중적 신앙체계를 반영한 것이기도 하다.

한국 천주교 성당건축

한국 천주교 교회건축은 120여 년의 짧은 역사 속에서도 한국 가톨릭 문화의 표상으로서 시대와 신앙의 내용을 반영하면서 다양하게 변천·발전하여 왔다. 그 변천과정은 개화기(1886~1910), 일제강점기(1910~45), 격동기(1945~62), 근대(1962~84), 현대(1984-)의 5단계로 시대 구분이 가능하며 서양 교회건축 2,000년사를 축소한 것과 유사하게 이념적(ideational)→감각적(sensate)인 변천의 순환과정을 보여준다. 그리고 그 변천과정의 특성은 다음과 같은 5가지의 단계적 양상을 보여주었다.

① **전통건축 유형의 이용과 전용**(indigenization) – 한옥 성당의 발생

② **외래건축 양식의 일방적인 이입**(introduction) – 양식 성당건축의 수용

③ **전통건축 유형과 외래건축 유형의 혼합**(syncretism) – 한·양 절충식과 양식의 변용

④ **유형의 시대적 적응과 변혁**(contextualization) – 근대주의 성당건축의 수용과 정착

⑤ **정체성 모색과 다원주의**(Pluralism) – 탈근대와 포스트모던(post-modern) 확산

현재 천주교 건축문화재는 사적 8개소, 시도 유형 7개소 시도 기념물 12개소, 문화재 자료 8개소 등 지정문화재 35개소, 등록문화재 22개소다. 한국 천주교건축은 양식상으로는 크게 서양식(로마네스크 양식, 고딕 양식)과 전통양식, 그리고 절충식 및 탈양식, 근대주의(모더니즘) 등으로 분류할 수 있는데, 비교적 서양양식에 충실한 초기 건물들은 대부분 지정문화재(사적 및 지방유형문화재)로 지정되었고, 양식의 완성도는 다소

떨어지나 독특한 형태, 근대주의 건물들이 등록문화재로 등록되고 있
다. 일부 수도원 내의 건물들이 누락되었고, 등록가치가 있는 근대 성
당건축이 다수 보존되어 있다.

정교회의 의례

정교회(Orthodox Church)는 그리스도교의 3대 주류 중 하나로서 사도교회의 계승과 독자적인 전례, 지역적 교회의 독립성을 특징으로 하고 있는데 그리스 정교회와 러시아 정교회가 그 중추를 이루고 있다. 정교회 교리의 근원은 성서(聖書, Holy Scripture)와 성전(聖傳, Holy Tradition)이며, 핵심적인 교리는 '삼위일체'로 "하느님의 본질에 있어서는 한 분이지만 위격에 있어서는 삼위"다. 그리스도의 부활은 그리스도의 신성(神性)에 대한 결과이자 증거다. 부활은 또한 인간 역시 부활하여 영원한 삶에 참여케 되리라는 확신을 가지게 만든다. 그러므로 정교회는 부활절과 부활을 교회생활과 예배의 중심으로 삼아왔다.

정교회는 7가지 성사[37]를 거행하며, 적극적인 신앙과 사랑으로 하느님을 닮은 완전한 상태에 도달한 사람들을 성인(聖人)으로 추앙한다. 7세기 성상사용에 대한 논쟁이 있었지만 정교회에서는 성상(聖像, Icon)[38] 사용은 교회의 불문율적인 전통이다. 성상은 예배의 대상이 아니라 성인들을 통하여 하느님께 도달하기 위해 사용하는 성인들의 상(image)이다.

정교회의 예배는 궁극적으로 하느님과 인간의 친교를 목적으로 한

---

37) 세례성사, 견진성사, 성체성혈성사, 신품성사, 고백성사, 결혼성사, 성유성사.

38) 하느님과 인간의 친밀을 도와주며, 하느님의 신비를 명상하도록 이끌어주는, 하느님과 인간 사이의 끈이라고도 할 수 있다. 동방정교회의 이콘의 주제는 성서의 이야기나 그리스도, 성모 마리아, 천사, 성인들, 그리고 교회의 역사적 사건들의 재현 등이다. 동방정교회의 이콘은 비육감적이며, 평면적이다.

다. 예배는 성경, 기도문, 시편과 찬미가로 구성되어 있으며, 예배에는 평일예배, 주간예식, 연중 주기예식, 성주간과 부활예식 등이 있다.

매일예배[39]

초대 교회 신도들은 축일을 지낼 때 전날 저녁 해가 떨어질 때 만과(晩課)로 시작하여 당일과 밤의 다른 경신례들을 거행했다. 그들은 7일의 주간 전례와 연중 전례 주기를 만들었는데, 그것이 지금까지 교회에 보전되어 오고 있다.

만과(晩課): 만과는 주야 24시간 중 올리는 첫 기도다. 이것은 다음 날인 주일이나 축일 예배를 전날 저녁부터 시작하기 때문에 만과가 첫 기도가 되는 것이다. 만과는 창조주 하느님과 그분의 섭리를 찬양하는 예배다. 아울러 참석한 사람들의 필요한 것을 채워 주시기를 비는 청원기도(請願祈禱)가 바쳐진다. 이때 구원의 희망이신 그리스도를 찬송하고 그분의 성인들을 기리는 시편과 찬미가를 노래한다.

예배자들은 참회의 기도를 바치고 그리스도께 영적 자비와 인도를 빈다. 만과는 '테오토코스'(하느님의 어머니)를 찬송하고 찬미의 노래(테오토키온)와 시므온의 노래, 주의 기도로 맺는다. 당일의 퇴장 성가 또는 축일 성인의 찬미가도 나온다. 사제의 강복으로 끝을 맺는다.

석후과(夕後課): 매일 밤에 거행하는 기도식으로서 이 밤에 나의 육체와 영혼, 곧 나의 존재를 그리스도의 품 속에 맡긴다는 의미를 지니고 있다. 저녁에 거행하는 이유는 하느님께서 낮의 수고에서 밤의 안식을 주심에 감사드리고, 이 밤을 평화롭게 지내고 아침에 다시 새 날의 밝은 빛을 볼 수 있게 되기를 기원하는 데에 있다.

---

39) 문화체육부, 『한국 종교의 의식과 예절』, http://www.orthodox.or.kr 참조.

석후소과와 석후대과로 구분하는데, 석후대과는 사순절 기간의 월요일부터 목요일까지, 석후소과는 사순절 기간의 금(이날은 기립찬양과 함께), 토, 주일과 평일에 한다.

심야과(深夜課): 그리스도 신랑께서 한밤중에 오신다는 성서의 말씀(마태오 25, 1-13 참조)에 근거해서 우리 영혼이 한 밤중에도 깨어 있어야 함을 독려하며, 신랑을 맞이하는 슬기로운 다섯 처녀들처럼 우리도 그리스도를 맞이할 준비를 게을리하지 말아야 할 것을 강조한다.

원래 12시(자정)에 드리는 것이 원칙이나 일반적으로 조과 전 새벽에 거행한다. 심야과에는 안식한 이들에 대한 기도가 포함되어 있다.

조과(朝課): 자비를 비는 예배다. 이 예배는 매일 드리는 것으로 리뚜르기아가 있을 때는 그 전에 드린다. 이 예식을 하느님을 흠숭하고 당일의 성인이나 그리스도 생애의 특정한 사건을 기념한다. 아침 예배는 다른 어느 예식보다 여러 찬미가를 바친다. 운율이 갖춰진 그 찬미가들은 복음과 성경의 메시지를 담고 있으며 가장 아름다운 시라고 하겠다.

시과(時課): 이 기도식은 분망한 일상 생활로부터 우리를 하느님께 복귀시킴으로써 구원을 위한 주님의 가장 중요한 사건으로 우리를 인도해 준다.

- 제 1시과(오전 6시 거행): 암흑에서 빛을 발하신 하느님의 창조를 상기시켜준다. 영적 태양이신 그리스도께서 떠오르는 태양처럼 밝아 오신다는 것을 의미하고 그 빛을 우리가 받아들인다는 것이다.

- 제 3시과(오전 9시 거행): 사도들에게 성령이 강림하신 사실과 시간을 상기시켜 준다. (사도행전 2, 15 참조) 그래서 이 전례에는 성삼위에게 바치는 기도가 포함되어 있다.

- 제 6시과(정오 12시 거행): 주님께서 우리의 구원을 위하여 십자가에

달리셨던 시간을 상기시켜 준다. 따라서 우리의 죄에 대한 용서를 간구하는 시간이기도 하다.

- ■ 제 9시과(오후 3시 거행): 이 시간은 주님의 죽음을 상기시켜 준다. (루가 23, 44-46 참조) 따라서 우리의 육정도 죽어서 떠나가게 되기를 바라는 것이다.

주일 성찬예배

희랍말로 리뚜르기아라고 하는 성찬예배(聖餐禮拜)는 성사(聖事) 중에 으뜸 성사다. 이 성찬예배 안에는 정교회 전통과 신학이 집약되어 있다고 말할 수 있다. 오늘날 정교회에서 보통 성 요한 크리소스톰(금구) 성찬예배와 성 대 바실리오 성찬예배가 채택되고 있으며 사순절 기간의 수요일과 금요일에는 축성된 성체의 성찬예배 의식이 집전된다.

프로스코미디: 성찬예배를 드리기 위해서는 준비예식이 전제된다. 성찬예배에서 사용될 봉헌물 곧 빵과 포도주를 이 프로스코미디에서 준비한다. 성찬예배를 봉헌할 성직자(사제, 부제)는 먼저 왕문(Royal Gate) 앞에서 성령강림송으로 시작되는 준비예식 기도를 드린다. 이어서 오른쪽 문을 통하여 성소 안으로 들어간다. 제의를 입고 손을 씻은 다음 준비된 빵을 잘라서 성반 위에 올려놓는다. 준비된 빵은 1개로 쓰이는 전통이 있고 5개로 쓰이는 전통이 있다. 그러나 성반 위에 올려지는 빵의 내용이나 순위는 대동소이하다. 준비된 빵과 포도주는 분향된다.

성 요한 크리소스톰 성찬예배: 성찬예배는 4세기 콘스탄티노플 총대주교였던 성 요한 크리소스톰(금구)에 의해 오늘날의 예배형식으로 체계화되었으므로 그의 이름을 따서 '성 요한 크리소스톰의 성찬예배'라고 부르고 있으며 전 세계 정교회 성당에서 똑같은 형식으로 거행된다.

"성부와 성자와 성령의 나라는 이제와 항상 또 영원히 찬미받습니다"라고 사제의 예배선언에 신도들은 "아멘"이라고 응답함으로써 성찬예배는 시작된다.

먼저 말씀의 전례에서 평화의 연도(連禱)와 시편 102, 103편에서 발췌한 찬양가와 응송이 있고 2번 반복되는 연도에 이은 찬양가는 시편 145, 146편에서 발췌된 것인데 소입당 행렬로 연결된다. 하느님의 아들 구세주 예수 그리스도의 육화를 상징하는 의미가 있는 이 행렬에서 복음성경을 보좌(寶座, 제단)에 안치하며, 이어서 삼성송(三聖誦)으로 주님을 찬양한다. 사도경(서간경)이 낭독되고 알렐루야가 창(唱)으로 불리어지고 나면 복음경(4복음 중에서)이 봉독된다. 복음 다음에 강론이 있는데 경우에 따라서 영성체 전후로 옮겨지기도 한다.

다음은 성찬의 전례로 대입당 행렬이 이루어지는데 이는 준비예식에서 준비된 봉헌물(쁘로스포라, 빵과 포도주)이 회중석 한 가운데를 지나서 임금문을 통하여 보좌에 안치된다. 입당은 주님의 골고타행 십자가의 길을 연상한다. 사제는 봉헌물을 높이 받들고(회중석 가운데에서), "주 하느님께서 그의 왕국에서 우리 모두를 이제와 항상 또 영원히 기억하시기를 바랍니다."라고 외친다. 이는 십자가 상에서 회개한 도둑이 주님께 "예수님, 예수님께서 왕이 되어 오실 때에 저를 꼭 기억하여 주십시오."(루가 23:42)라고 확신에 찬 간청과 의탁의 기도다.

성찬의 전례에서는 성 목요일 저녁에 예수 그리스도께서 하신 말씀과 행위가 재연된다. "…빵을 들어 감사기도를 올리신 다음 그것을 떼어 제자들에게 주시며, 받아먹어라, 이는 내 몸이다. 하시고, 또 잔을 들어 감사의 기도를 올리시고 그들에게 돌리시며 너희는 모두 이 잔을 마셔라. 이것은 나의 피다. 죄를 용서해 주려고 많은 사람을 위하여 내가 흘리는 계약의 피다…" (마태오 26:26-28). 그리고 그리스도의 죽으심과 묻히심과 부활, 승천하심을 기념하며 그분의 재림을 기대하며 그분의 현존을 고백하며 성령의 강림을 기원한다. 성모 마리아와 모든 성인들 그리고 이 세상을 떠난 모든 이들과 세상에 남아 있는 모든 이들을 기억한다.

탄원의 연도와 주의 기도가 있은 후 성체성혈이 영해진다. 영성체후 감사의 기도에 이어 강복으로 성찬예배는 마감된다. 마감기도 끝에 집전자 중(주교, 사제)에서 축성된 빵(안티도론)을 참석자들에게 분배하며 인사를 나눈다.

성 대바실리오 성찬예배: 이 예식에서 말씀의 전례는 성 요한 크리소스톰 성찬예배와 같이 거행된다. 성찬의 전례가 시작되면서 사제는 헤루빔 기도를 드리는데 기도의 내용도 성 요한 크리소스톰 성찬예배와 비슷하게 전개된다. 예물봉헌의 기도 및 봉헌기도가 더욱 깊어지면서 길어진다. 성도들을 위한 기도 또한 간절하며 내용이 길며, 주의 기도 전 기도도 그러하다. 성모송은 "은총이 가득하신 마리아여..."라는 성가를 부른다. 이 예배는 연중 10회 정도 봉헌된다.

축성된 성체의 성찬예배: 이 예식은 저녁예배에 이어진 의식으로서 전토요일이나 주일 리뚜르기야(성찬예배)에서 축성된 성체·성혈을 제단 위에 잘 안치해 두었다가 이 예식에서 배령하게 된다. 이 예식은 주로 사순절 기간 동안 수, 금요일에 거행되며 사순 제5주간 목요일과 성대주간 월, 화, 수요일에 거행된다

정교회의 성당건축

정교회의 한국 전교는 19세기 말 러시아의 한국 진출과 더불어 이루어졌다. 정동 러시아 공사관 서쪽의 부지에 정교회 선교부 건물을 건축하였으며(1901~02), 그 중 학교건물이 예배당으로 조정되고 종루[40]를 세

구 러시아 공사관 언덕에서 본 서대문 일대

성 니콜라스 성당(1903)

정교회성당 계획안(입면)

러시아 정교회 선교부 건물

성당 내부

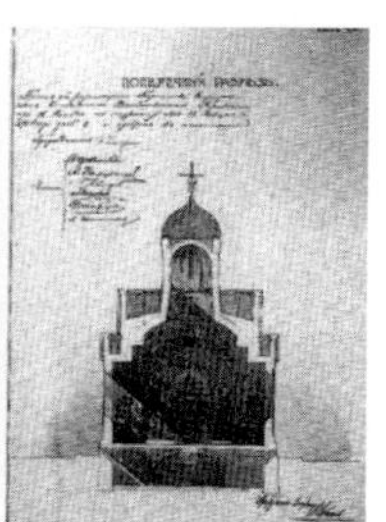

정교회성당 계획안(단면)

정동의 구 러시아 정교회

위 1903년 4월 17일 한국 러시아 정교회 성 니꼴라스 성당이 축성되었다. 선교부 건물은 교사의 숙소동, 교회학교, 별채, 2층의 선교부 사절단 건물 등으로 이루어졌으며, 1903년 러시아인 건축가 꼬시아꼬프가 그리스 십자가형태의 비잔틴 양식 성당을 설계하였으나, 러·일전쟁, 볼셰비키 혁명 등으로 건축이 무산되었다.

1904~05년 러·일전쟁으로 주한 러시아인 선교사들은 모두 철수하였고, 1906년 전쟁이 끝나면서 러시아 정교회 선교는 다시 시작되었다. 그러나 1917년, 러시아 공산주의 혁명이 일어나면서 러시아 정교회는 박해의 광풍을 맞게 되었고, 1922년에 한국 러시아 정교회는 일본

---

40) 러시아제 종(鍾) 5개가 수입되었는데 아라사 성당의 종소리는 마치 아름다운 연주를 하듯 울려 퍼졌다.

정교회에 속하게 되었다.

1945년 일본이 2차 세계대전에서 패망하여 한국과의 관계를 정리하게 됨으로써 한국 러시아 정교회는 교구소속이 없어지고 성직자 없이 유지되었는데, 1956년 유엔군으로 참전한 그리스 군목에 의해 그리스 정교회 관할 안으로 들어가게 되었다. 그 후 한국 러시아 정교회 성 니콜라스 정교회 성당에 관한 재산권 시비가 있었고, 정동에 있던 성 니콜라스 성당을 매각하고 마포구 아현동 424-1번지에 비잔틴 양식의 성당을 세워서 사용하게 되어 오늘에 이르고 있다.

2001년 기준, 교회수는 12개소, 신도수는 2,364명이다.

정교회성당의 특징은 대부분 비잔틴 양식이며, 성당 주출입구를 서쪽으로 하고 제단을 동쪽에 둠으로써 동쪽을 향하여 예배를 드리는 것이 일반적이다.(대지 조건 때문에 다를 수도 있음) 평면은 장방형이었으나 현대는 정방형, 원형, 십자형, 8각형 등 다양하다. 성당의 공간구성은 세 부분으로 구분하여 중앙 신자석을 성소(nave)라 하고, 제단을 내진(chancel), 출입구 회랑을 배랑(narthex)이라 한다.

성대(聖臺, chancel): 성당 내의 중앙, 즉 신자석 동측 한 단 높은 보좌(寶座)를 모신 부분을 성대라 하는데 성장(聖障)이라는 화려한 장식의 스크린에 의하여 2등분 되며, 내부를 지성소(sanctuary)라 하고 신자석 부분을 고대(高臺)라 한다.

지성소(sanctuary): 성장으로 둘러막혀 특별한 예식 때 이외는 볼수 없으며, 1실 또는 3실로 구분하고 중앙에 보좌(baldachus), 좌측에 제대, 우측에 제구실을 설치하며, 보좌 후면 반원형 부분의 실을 앱스(apse)라 하고 여기에 고좌(高座)를 설치한다.

보좌(baldachus): 천주교의 제단에 해당하는 것으로, 목제가 많고 가끔 석조 혹은 금은제도 있다. 보좌 위에는 성궤(聖櫃), 십자가, 성서 등을 얹어 놓는다. 보좌는 큰 성당에는 3구분된 지성소 각 실에 각각 보좌를 설치하고 중앙은 '그리스도'를 모시고, 좌측은 사도 '베드로' 또는 '바오로', 우측은 '마리아'를 모시는 예도 있다.

제대(祭臺): 보좌 좌측 벽에 붙여 설치한 제대는 보좌에 사용되는 예물을 놓아두는 대로서 보좌보다 다소 작으며, 높이는 보좌와 같다.

고좌(高座): 보좌 후면 반원형의 앱스에 설치한 주교석을 고좌라 하며 보좌를 중심으로 좌측에 사교석(司敎席), 우측에 사제석(司祭席), 전면이 일반 신자석인 성소 등으로 되어 있어 보좌를 둘러싸는 형식으로 배치된다. 보좌 상부에는 보통 성 삼위일체를 주제로 하는 성화를 걸어둔다.

성장(聖障, iconostas): 정교회의 화려하고 웅장한 분위기를 조성하는 성장은 고정 패널로 된 스크린이며 각 패널에는 '그리스도', '성모', '성도' 등의 오색찬란한 그림이 그려져 있다. 패널의 구분은 상하를 3단 내지 5단 혹은 그 이상으로도 구분하되 일정한 규정은 없다. 성장에는 3개 소의 출입구를 설치하는데 가운데를 왕문(王門, Royal Gate)이라고 한다.

고대(高臺): 성장에 의하여 2등분 된 성대의 성소에서 바라보이는 부분으로 중앙 가까이에 설교대를 두고, 좌우는 성가대석으로 하되 신도들의 성체배령의 장소이기도 하다.

성소(nave): 신자석 부분, 천주교의 회중석에 해당하는데 보통 의자를 두지 않으며 카펫이 깔려있으므로 서 있거나 바닥에 꿇어 앉는다.

배랑(narthex): 성소 입구 전면의 포치에 해당. 가끔 세례실 또는 세례반이 설치되기도 한다. 과거에는 세례교인 이외에는 여기에 머무르고 성소에 들어갈 수 없었다.

종탑: 본당 건물 옥상 또는 별동으로 설치하여 예배 참석시간을 알린다.

개신교(改新敎)[41]는 16세기 유럽에서 가톨릭 교회에 대한 투쟁과 함께 '성서만'(sola scriptura), '신앙만'(sola fides), '은총만'(sola gratia) 이라는 종교개혁 기본원리에 근거하여 형성된 신앙·예배·관습의 체제를 갖춘 그리스도인 공동체다. 개신교의 예배와 섬김의 대상은 오직 한 분 '하나님' 뿐이다. 그러나 그 신격에는 삼위가 계시는데 곧 성부와 성자와 성령이시다. 이 삼위의 본체는 하나이시며, 영광은 동등하다.

개신교의 세계관은, 세상을 창조하신 하나님께서는 죄많은 인간들을 구원하시기 위해 예수 그리스도를 보내셨다. 이 그리스도를 믿으면 구원을 얻어 영생에 이르게 되고, 악한 자는 재림의 때에 심판을 받아 지옥으로 가게 된다[42]이다. 개신교에는 성공회와 같은 구교(舊敎)에 가장 가까운 교회도 있고, 그리스도의 신성(神性)까지 부인하는 교파도 없지 않으나 대개 다음과 같은 특색을 가지고 있다.

① '그리스도'의 형상을 사용치 않으며, 로마 교황의 권한도 부인한다.

② 구교가 예식주의(禮式主義, Ritual Church)임에 비하여 비예식주의(Non Ritual Church)이며 설교를 위주로 한다.

③ 교회의 건축양식도 장엄함보다는 강당에 가까울 정도로 간소하

---

41) 한국에서는 '개신교'(改新敎)와 '기독교'(基督敎)를 동일하게 사용하는데, 기독교는 그리스도를 한자어로 표기한 '기리사독(基利斯督)을 믿는 종교'라는 말의 준말로 개신교뿐만 아니라 가톨릭교회와 동방교회(정교회) 모두를 지칭하는 용어다.

42) "하나님이 세상을 이처럼 사랑하사 독생자를 주셨으니 이는 저를 믿는 자마다 멸망치 않고 영생을 얻게 하려 하심이니라"(요한복음 3장 16절)

고 장식이 적으며 음향, 환기, 친밀감, 축제 등의 분위기를 추구한다. 단, 건축양식적으로 개신교도 신성한 분위기를 위하여 고딕, 르네상스 등 절충식 건축양식을 채용하기도 하며, 현대에 들어와서는 외형상으로는 구교와 구별하기가 힘든 경우도 있다.

개신교의 의례

개신교 최대의 의례는 예배다. 예배(Service of worship)는 하나님께로부터 부르심을 받은 신자들이 함께 모여 하나님을 경배하고 찬양과 영광을 올려 보내고, 예수 그리스도를 통한 구원의 은총을 깨달아 응답하는 일이다. 근본적으로 시·공간을 초월하신 하나님께 언제 어디서나 예배를 드릴 수 있다. 즉, 정기적으로 혹은 비정기적으로 행해지며, 가정예배 또는 기도모임과 같은 특별한 경우가 아니라면 보통 목사나 전도사와 같은 성직자들의 인도 아래 교회에서 시행된다. 평신도들이 예배를 이끄는 것이 금지되어 있지는 않지만, 교회의 질서유지를 위해 설교, 축복기도 등은 목사, 강도사(말 그대로 설교의 권한이 있는 개신교 성직자. 한국 장로교회의 경우 일부 교단에서 강도사 고시로 선발한다)가 한다.

개신교는 가톨릭, 정교회와 함께 세계 3대 그리스도교 종단에 속한다. 그러나 '개신교'라는 범주 안에는 이질적인 성격의 교단과 교파들이 포함되어 있다. 한국에 들어온 개신교도 하나의 단일 교단이 아니라 다양한 교단과 교파들이었다. 장로교, 감리교, 성공회, 성결교, 침례교, 구세군, 오순절 교회, 안식교 등은 선교사들의 선교활동을 통해 정착한 교단과 교파들로서 이들이 지금까지 한국 개신교의 주요 흐름을 형성하여 왔다. 그러나 한국의 문화적·사회적 토양 위에서 토착화신학이나 민중신학 같은 새로운 신앙과 신학사조들이 출현함으로써 한국 개신교의 신앙과 의례는 더욱 복잡하고 풍성해지게 되었다. 교파별 예배의 특성을 소개하면 다음과 같다.

개혁주의

개혁주의는 '마음으로 드리는 절'을 예배의 본질로 삼는다. 개혁신학에서는 예배를 찬송, 기도, 말씀, 헌상, 성례전과 더불어 여섯 가지 은혜의 방도 중 하나로 규정하는데, 다시 말해 예배는 찬송, 기도, 말씀, 헌상 또는 성례전을 모은 종교 의식이 아니라, 다른 은혜의 방도들과는 구별되는 독특한 의미와 본질을 갖고 있다는 것이다. 그러므로 사람이 정성을 다해 찬송과 기도를 하고 성경을 읽고 성찬에 참여하고 헌금을 하였음에도 불구하고 하나님께 예배하지 않을 수도 있다. 왜냐하면 예배는 찬송, 기도, 말씀, 성찬 등의 모듬이 아니기 때문이다.

또한 가르치는 교회와 듣는 교회를 구분하는 로마 가톨릭과는 달리 개혁 교회는 그러한 구분이 성경적 근거가 없다고 여기며, 개인도 혼자서 하나님께 예배할 수 있다고 생각한다. 그러나 여럿이서 모여서 공적인 예배를 할 때엔 예배 식순을 따르기도 한다. 개혁신학의 예배론의 독특한 점은 예배에 허용되는 형식이나 내용이 성경에 계시되어 있다는 예배의 규정적 원리다.

루터교

루터교에서는 종교개혁의 전통에 따라 예전적 예배를 드리는데, 루터교 예전은 입당성가, 본기도(공적인 기도), 죄의 고백과 사죄 선언, 영광송, 성서독서(루터교의 성서독서는 제1독서/구약성서와 제2독서/서신서로 구분된다. 사용하는 성서정과는 RCL/개정 성서정과에 근거하며 목사가 담당한다.), 층계성가(제1독서와 복음서 독서 사이의 성가), 찬양의 화답, 복음서 독서, 신앙고백(사도신경), 설교,

감사의 예물, 성찬[루터교의 성찬전례는 루터교 목사에 의해 제단에서 집전되며, 로마 가톨릭 교회와 성공회의 성찬전례처럼 면병과 포도주가 거룩해지도록 축성하고, 예수의 성찬제정을 재현하는 성찬기도, 쌍투스(Sanctus, 거룩하시다)성가, 하나님의 어린양(Agnus dei)성가, 시므온의 성가, 면병과 포도주를 받음, 감사의 기도로 구성된다]과 축복기도를 거친 뒤, 마지막으로 주님을 섬기라는 권고와 신도들의 감사 응답으로 구분된다. 말씀과 성례전을 은혜의 방도로 이해하는 루터교의 교리에 있어서 성만찬은 은혜의 방도로서 지닌다고 가르친다. 루터교에서는 교회력에 따른 성서정과를 사용한다.

감리교

감리교에서는 공식적으로 교회력에 따른 성서정과와 감리교 예배서에 나온 예배양식에 따라 예전적 예배를 집례한다. 이는 감리교가 존 웨슬리 신부의 복음주의 운동으로 성공회에서 갈라져 나온 교회이기 때문이다. 감리교 예전은 크게 말씀중심의 예전('하나님 앞에 나와 옴', '말씀의 선언', 감사와 응답, 세상으로 나아감)과 말씀과 성만찬이 함께 있는 예전(하나님 앞에 나와 옴', '말씀의 선언', 감사와 응답, 성만찬, 세상으로 나아감)으로 구분된다. 하지만 실질적으로는 일반적인 개신교회의 예식순서를 사용하는 교회가 적지 않은 편이기도 하며, 찬양예배도 도입되어 있다.

장로교

모든 종교가 믿는 신은 인간의 생각과 체험에서 만들어진 신이나, 기독교의 신은 신 자신이 인간에게 계시된 신이다. 이 신을 절대자요 구주라고 부른다. 교회의 예배는 이러한 절대자인 신과 상대자인 신자와의 신비적 관계가 형성될 때 나타나는 현상이다. 예배에는 가변적 요

소와 불가변적 요소가 있다.[43)

불가변적 요소: 말씀선포(설교)와 성례전과 기도와 신앙훈련(칼빈)이다. 말씀선포의 내용은 신구약성서를 통하여 우리에게 알려진 하나님의 천지창조와 예수 그리스도의 구속사역과 성령의 돌보심과 예수의 재림이다. 이 사실을 신자들이 모일 때마다 선포하므로 신자들은 구원을 확신하게 된다.

성례전이란 세례와 성만찬이다. 세례는 신자들이 예수를 믿으므로 그에게 신비적으로 합일되는 것을 체험하는 사건이다. 그리고 성만찬은 예수님이 우리의 죄값으로 흘리신 살과 피를 상징하는 떡과 포도주를 먹고 마시는 것, 즉 예수 그리스도의 공로로 내가 완전히 구원받았음을 체험하는 사건이다.

기도는 삼위일체 하나님의 은혜를 감사하고 계속적으로 은혜 속에서 살도록 부탁하는 행위다. 그리고 칼빈이 주장하듯이 이 세 가지 사건이 원만하게 이루어지기 위해서는 믿음의 훈련이 필요하므로 교회는 예배를 통하여 신도들을 훈련해야 한다.

가변적 요소: 하나님 찬양과 성도들의 교제 증진, 영의 양식, 신학의 양육, 십자군의 교실이다. 이러한 가변적 요소를 예배시간을 통하여 깨닫게 된다. 또한 훈련을 받아 지상풍습과 권세로부터 오는 모든 종류의 시험과 도전에 대비하여 예수님이 재림하실 때까지 승리와 영광의 길을 걸어갈 것이다.

장로교는 '장로교 예식서'에 나온 예배양식에 따라 예전적 예배를 집례하도록 되어 있는데, 장로교 예전은 예배 준비, 말씀의 선언, 성만

---

43) 이종성 (증경총회장, 한국기독교학술원장), "장로교회 예배의식의 올바른 이해" (기독 정보넷, http://www.cjob.co.kr/mission-2990.html)

찬, 파송으로 구성되어 있다.

성공회

성공회는 개신교 중에서도 매우 독특한 의례를 가지고 있다. 성공회는 종교개혁시에 로마 가톨릭의 지배를 거부하면서 영국의 국교로 탄생하였다. 그런데 이러한 단절은 교리적인 문제가 아니라 정치적인 문제 때문이었다. 따라서 성공회는 다른 개신교와 달리 교리나 의례의 측면에서 로마 가톨릭 전통을 상당 부분 계승하고 있다. 예를 들어, 성공회는 교황제도나 사제의 독신제 등에 대해서는 반대하지만, 가톨릭과 마찬가지로 삼위일체 교리를 따르고 교회 전통을 중시한다.

대한 성공회는 가톨릭 분위기가 우세한 고교회파(high church)로서 가톨릭에서도 오늘날 별로 실행하지 않는 분향(焚香)의식44)이 여기서는 중요한 부분을 차지한다.

개신교의 예배

현재 개신교회에서 드려지고 있는 예배는 예배 형태에 따라 크게 '일반 예배'와 전반부에 찬양을 중심으로 인도하는 '찬양 예배'로 나눌 수 있으며, 예배 목적에 따라 주일 본 예배, 주일학교 예배, 주일저녁 예배, 영어 예배, 수요 예배, 청년찬양 예배, 부흥회, 사경회, 심방 예배, 특별 예배로서 결혼식, 장례식, 세례식, 임직식, 안수례, 은퇴식, 헌당 예배, 파송 예배, 수련회, 교회 밖의 예배 등이 있다.

---

44) 원래 이방종교에서, 특히 로마의 황제 숭배예식에서 비롯된 것으로서, 초대 교회에는 없었다가 후에 '수납되었음'을 나타내는 상징적인 표현으로 사용된다. 분향의식에 쓰이는 유황은 신자들의 기도를 상징한다.(요한계시록)

모든 신자들이 함께 모여 드리는 공예배는 그리스도께서 부활하신 날 곧 일요일이 합당하다. 한국 교회는 이날을 주일(主日)이라 명명하고 전통적으로 오전 11시를 전후하여 주일 예배를 드리고 있다. 이 시간에 온 신자가 함께 드린 예배는 하나님의 능력을 최상으로 증거할 수 있다고 확신한다. 주일 낮 예배의 기본 절차와 형식은 다음과 같다.

하나님 앞에 나감

하나님 앞에 나아가는 부분이다. 하나님의 부르심과 그 부르심에 응답하는 순서로 예배가 시작된다. 오르간 전주, 예배의 부름, 기원 등의 순서가 여기 해당된다. 이 순서들은 성구낭독으로 이루어지는 부르심의 말씀에 이어, 오늘의 예배 속에 성령으로 임재하신 하나님의 권능과 현존을 예배 인도자의 회중이 깨닫도록 해 주시라는 짧은 기도의 성격을 띠고 있다.

찬송과 고백과 기도

인간의 미음속에서부터 하나님의 영광을 시와 노래로 찬양하고, 자신의 허물과 죄를 고백하는 고백의 기도를 비롯하여 공동체의 신앙고백이 이루어진다. 이때는 모두 일어나서 찬송을 부른 뒤 하나님의 용서와 임재를 간구하게 된다. 교회에 따라 온 교인이 함께 고백의 기도를 읽을 수 있도록 준비하기도 하고 또는 기독교사에 가장 널리 알려진 고백인 사도신경을 함께 외우기도 한다.

이후 목사는 죄를 고백한 회중이 용서받는 기쁨을 간직하도록 하는 사죄의 확인을 성경말씀을 통하여 선포한다. 이어서 개신교 예배에서 매우 중요하게 다루어지는 중보(仲保)의 기도가 있게 되는데 이 순서는 하나님의 백성을 위탁받아 섬기고 살피는 책임을 맡은 목회자가 백성들의 삶에서 발생되는 숱한 일을 아뢰고 구하는 간절한 기도시간이다. 한국 교회는 이 기도를 장로가 맡아 행하고 있다.

말씀의 선포

하나님 앞에 나온 무리들이 그 말씀을 경청할 수 있도록 설교자가 하나님의 말씀을 선포하는 부분이다. 성경봉독과 설교로 이루어진다. 세상의 많은 고통과 불신앙의 풍조에 젖어있던 사람들에게 성경말씀을 받들어 읽고 그 말씀을 선포, 해석, 적용하는 이 시간을 무엇보다 소중히 여기고 기다리는 것이 예배드리는 이의 공통된 마음가짐이다.

세례와 성만찬 같은 성례전(聖禮典)이 설교 직후에 이루어지기도 하지만 개신교 예배는 말씀의 선포를 강조한 나머지 일 년에 2회, 많으면 월 1회 정도의 제한적인 성례전을 집례하고 있다.

감사와 응답

선포되어진 말씀에 대한 구체적인 응답으로서 회중들이 찬송을 부르고 예물을 받치면서 새로운 헌신과 결단을 이루는 부분이다.

위탁의 말씀과 축도

설교자는 회중에게 세상에 나아가 그리스도의 증인으로 살아갈 것을 다시 한번 부탁한 후 하나님이 내리시는 복을 선언한다. 이때 목사는 두 손을 높이 들어 선언하고 회중은 "아멘."으로 답한다.

성공회의 전례

가톨릭과 마찬가지로 7개의 성사(聖事, Sacrament)[45]와 미사를 가장 중요한 전례로 준수한다. 성공회 미사의 구성과 순서는 다음과 같다.

입당예식

모두가 일어선 가운데 집례사제가 입당하고 입당 찬미가 끝나면 집례사제가 개회기도를 한다. 이어 회중은 "주여 우리를 불쌍히 여기소서"를 부르는 기리에(Kyrie)를 번갈아 세 번씩 부르고 역시 번갈아서 성부, 성자, 성령을 찬양하는 영광송을 부른다.

집례사제가 "주께서 여러분과 함께"하고 인사하면, 회중은 "또한 사제와 함께"로 화답한다. 인사 후에 집례사제는 미사의 의향이나 축일의 의미를 간단히 설명하기도 한다.

인사 후에 집례사제는 본 기도를 한다.

말씀의 전례

본 기도가 끝난 후 회중은 자리에 앉고 집례사제나 부제 또는 평신도가 구약성경과 서신성경을 낭독한다. 이에 대해 회중은 "천주께 감사"로 화답한다. 낭독 후에는 묵상, 성시, 성가가 뒤따르기도 한다. 이어 집례사제와 회중이 다시 인사를 한 후 집례사제가 복음경을 낭독하고 "이것은 주님의 말씀입니다"고 하면 회중은 "그리스도를 찬미합니다"고 화답한다. 이어 집례사제가 강론을 한다. 강론이 끝나면 회중은 일어서서 니케아 성경을 함께 외운 후 다시 앉아서 신자들의 기도를 한다.

---

45) 세례성사, 성체성사, 견진성사, 고해성사, 혼배성사, 조병성사, 신품성사.

기도양식은 세 가지 중 한 가지를 택해서 하며, 교구장이 허락한 다른 형식으로도 할 수 있다. 혼인미사나 위령미사 총도문을 외는 미사에는 신자들의 기도가 생략될 수 있다. 사제나 부제 또는 신자 대표가 교회를 위하여, 세상의 정의와 평화를 위하여, 이웃을 위하여, 특별한 사유에 대하여, 별세한 이들을 위하여 기도를 하면 신자들은 각 기도에 대하여 "주여 우리의 기도를 들어주소서"하고 화답한다.

기도가 끝나면 모두 일어서서 십계명을 외우고 집례사제의 인도 아래 회개의 묵상을 한다. 묵상이 끝나면 집례사제는 용서를 구하는 기도를 올린다.

성찬의 전례

집례사제는 교회가 그리스도 안에서 한 몸임을 말하고 회중에게 평화를 기원한다. 회중 역시 평화의 말로 화답한 후 서로에게 인사한다. 이어 봉헌례가 진행된다. 회중대표가 면병, 포도주, 헌금, 기타 봉헌물을 제단 앞으로 가져오면, 집례사제는 면병과 포도주를 예비하고 손을 씻는다. 봉헌례가 끝나면 성찬기도가 이어진다. 집례사제와 회중이 기도와 찬양으로 화답한 후 집례사제는 빵과 포도주를 집어들고 성찬의 의미를 되새기는 기도를 한다. 기도 중에는 특송을 하기도 한다. 기도가 끝나면 사제와 회중은 함께 주기도를 외운다.

주기도가 끝나면 사제는 빵을 떼면서 "천주의 어린 양 세상의 죄를 없애시는 주여, 우리를 불쌍히 여기소서"를 세 번 반복한 후, 회중을 향해 빵과 포도주를 들고 "세상의 죄를 없애시는 천주의 어린 양이 여기 계시니, 이 성찬에 초대받은 이는 복되도다"고 축복한다. 이에 대해 회중은 "주여, 주를 내 안에 모시기를 감당치 못하오니, 한 말씀만 하옵소서, 내 영혼이 곧 나으리이다"고 답한다. 이어 사제가 "그리스도의 성체, 아멘", "그리스도의 보혈, 아멘"하며 빵과 포도주를 나누어 주면, 회중은 일어서서 또는 무릎을 꿇고서 "아멘"하면서 빵과 포도주를 받는다. 경우에 따라 성체를 손으로 받아 먹을 수 있다. 또한 교구장의 허가가 있으면 성체를 포도주에 적셔서 한꺼번에 먹을 수도 있다. 그 동안 성시와 성가가 불려지기도 한다.

파송예식

성찬 분배가 끝나면 사제와 부제들은 남은 빵과 포도주를 먹는다. 성체가 끝나면 사제는 다시 기도를 올리고 축복기도를 한다. 축복기도가 끝나면 사제는 "나가서 복음을 전합시다"고 말하고 회중들은 "그리스도의 이름으로 아멘"하고 화답한다.

개신교 의례의 위상과 전망

개신교 신앙과 전례의 다양성은 공통적인 전례나 금기들에 대한 견해들에서도 나타나며,[46] 예배나 기도의 종류도 매우 다양하다.[47] 그러나 개신교 전체의 대체적인 공통점이 있다. 그것은 가톨릭과 정교회에 비해 크게 약하다는 것이다. 종교개혁을 부르짖으며 탄생한 개

---

46) 예를 들어, 고사(告祀)나 제사(祭祀)에 대해서는 이를 우상숭배라 하여 금지하는 입장과 전통적인 관습으로 인정하는 입장이 공존한다. 혼전성교에 대해서는 모든 개신교가 이를 철저하게 금지하고 있으나 성에 대한 인식의 변화와 함께 혼전순결에 대한 입장도 변화하고 있다. 음주와 흡연에 대해서도 이를 철저하게 금지하거나 어느 정도 허용하는 등 상반된 입장이 나타난다.

47) 토착화 예배 같은 독특한 형태의 예배 외에도 부활절이나 송구영신예배, 찬양예배, 찬양 중심 예배 등이 있고, 독특한 기도형태로 방언기도가 있다. 성서를 근거로 하여 성령이 내리는 은사(선물)로 여겨지는 방언기도에 대해서도 교단에 따라 사뭇 다른 견해를 갖고 있기도 하다.

신교는 중세 가톨릭과 단절하면서 신앙과 전례의 모습을 크게 변화시켜 놓았다.

"오직 성서만으로(SOLA SCRIPTURA)"라는 모토 아래 교회의 모습을 전통보다 성서 중심, 사제보다 평신도 중심, 전례보다 신앙 중심으로 바꾸어 놓았다. 그리스도교의 공통된 교리는 변하지 않았지만 '연옥', '교황', '성모 마리아', '성인'에 대한 신앙은 성서에 어긋난 것으로 여겨져서 완전히 폐지되었다.

또한 개신교의 강한 '우상타파' 정신은 교회건물에서 화려한 장식과 성상이 사라지게 하였다. 심지어 예배당 안에서 십자가조차 금지하는 경우도 있다. 전례적 측면에서 개신교에서는 대부분의 그리스도교계가 공유하는 예배, 세례, 성찬, 평생의례, 절기의례 등을 제외한 다른 전례들이 거의 사라졌다. 따라서 개신교는 '성서중심주의'와 '신앙중심주의'로 치우치면서 신앙의 구체적인 표현인 전례를 크게 약화시키는 경향을 띠어왔다. 그러난 개신교에서도 전례의 중요성이 완전히 사라진 것은 결코 아니다. 인간이 몸짓을 하며 사는 존재인 이상, 개신교가 아무리 교리적으로 전례를 약화시켰다 하더라도 전례는 끊임없이 다른 모습을 띠며 여전히 살아있을 수밖에 없는 것이다. 한국 개신교가 행하고 있는 독특한 전례들은 개신교에서도 전례가 여전히 중요한 위상을 차지하고 있음을 보여준다.

개신교의 예배당 건축

한국 개신교 교회건축은 종파별 건축양식의 특성이 아직 뚜렷이 규명되지 않고 있다. 다만 유입경로와 지역적 시대적 특성은 적지 않은 연구성과가 있을 뿐이다.

개신교는 ① 중국 개항지인 산동의 지부(芝罘)나 상해에서 황해를 지나 동진하는 황해 횡단통로, ② 만주의 우장과 심양에서 압록강을 건너 남진하는 압록강 횡단통로, ③ 일본의 개항장인 요료하마-나가사키에서 대한해협-남해나 동해를 따라 북진하는 대한해협 횡단통로로 유입되었다.

신앙의 자유와 더불어 지어지기 시작한 개신교 교회당은 선교사나 신자들의 주택에서부터 시작하였다. 규모가 큰 민가를 고쳐 사용하였는데 초가집도 많았다. 초가집 교회로는 장로교 최초의 교회인 솔내(松川)교회가 있고, 기와집 교회로는 언드우드의 사택을 활용한 새문안 교회의 사진이 남아있다.

초기 한국 개신교 선교는 미국 복음주의 교단이 주류를 이루었고, 이들의 교회건축(19세기 초기의 반형식주의 강당식 교회당의 등장, 중기의 희랍 복고풍과 고딕 복고풍의 유행, 반형식주의 강당식 교회당 부활)의 영향을 받아 고딕 복고 또는 로마네스크 복고양식의 교회건축을 수용하였으며, 또한 중국 교회건축의 영향을 받아 벽돌 조적벽에 아치창, 기와지붕을 올린 한·양 절충식과 남녀석 구분, ㄱ자형, +자형 평면이 수용되었다. 즉 초기 개신교회 건축은 네비어스(Nevius) 방법48)을 따라 한옥양식과 한·양 절충식인 개량한옥을 많이 채용했고 자급원칙에 충실함으로써 기독교의 한국화에 진전을 이루었다.

개신교 교회건축은 천주교나 성공회의 성당과 달리 성서봉독과 설교의 시청각적 실용성이 우선되었고, 건축양식 자체의 표현에는 깊은 관심을 두지 않았기 때문에 교회의 상징으로서 고딕 양식을 채택하면

---

48) 초기 한국 장로교회가 채택했던 선교방법. 네비우스 선교사업의 궁극적인 목적은 "독립적이고, 자립적이며, 진취적인 토착교회" 형성에 두었다.

서도 그것을 간략화, 변용하기를 서슴지 않았다. 개신교의 첫번째 서양식 교회당인 정동감리교회(1898, 사적 256)는 빅토리아 시대의 단순한 전원풍 고딕 양식이었으며, 개신교 서양식 교회당의 모델이 되었다. 상동감리교회(1901, 소멸)는 고딕식 창들과 높은 팔각형 탑을 가진 교회당이었으며, 승동교회(1899, 서울유형 130)는 십자형 평면의 로마네스크 양식의 건물이었고, 종교교회(1910, 소멸)는 십자형 평면에 종탑이 있는 고딕풍이었으며, 새문안교회(1910, 소멸)는 로마네스크풍이었고 나중에 고딕풍으로 증축하였다.

한국 개신교 교회는 그 생성기를 일제강점 하에서 보내면서 확실한 뿌리를 내리지 못한 채 해방을 맞이하게 되었다. 더구나 조국의 분단으로 많은 신자들의 월남, 그리고 한국전쟁으로 말미암은 파괴 등 많은 교회건축이 필요하게 되었다. 특히 전란을 겪으면서 종교적 축복에 대한 갈망에서 신비주의적이고, 종말론적인 내면화의 경건이 부흥하게 되었다. 이런 배경에서 많은 교회들이 짧은 시간에 생겼고 교회당이 우후죽순격으로 지어졌다.

해방 후 개신교 교회건축은 강당형 내부 공간에 단순한 네오고딕 양식의 벽돌조와 석조가 주를 이루었으며, 천주교에 비해 건축양식에

서울침례교회(1954)

영락교회(1954)

영주제일교회(1958)

남대문교회(1958)

1950년대 네오고딕풍의 석조 교회당

충실하지 않으면서도 외형은 더 보수적인 경향을 띠었다. 1950년대 전쟁을 겪고 난 후에는 교회에 대한 하느님의 보호와 견고함이 새삼 인식되어 교회당은 견고한 성과 같이 표현되었는데, 구조체계와 관계없이 외벽을 화강석으로 치장하거나 흉벽, 총안 등 성곽의 형태요소들이 채용되었으며 특히 종탑에 집중되었다.

1954년에는 장로교 통합측의 대표적인 교회라고 할 수 있는 영락교회가 네오고딕 양식으로 건축되었으며, 또 합동측의 충현교회는 1980년에 현재의 교회건물을 건축하기 시작하여 8년 만에 완성하였다. 1950년대부터 1970년대까지 약 20년간 네오고딕 풍의 교회가 상당수 건축되었다.

1960년대에는 한국 건축계에 전통표현 문제가 이슈가 되어 한양교회(1968), 제암교회(1969) 등 한국 건축의 전통요소를 혼합시킨 다양한 시도가 있었으며, 1970년대 이후 경제 고도성장과 함께 교회의 성장이 가속화되었으며 이에 따라 교회건축의 대량 수요를 촉발시켰다. 양식에서 탈피한 근대주의(modernism)적인 교회건축이 시도되기 시작하여 단순, 명료한 입방체의 교회건축, 원형, 삼각형, 다각형의 기하학적 형태의 교회건축도 출현하였다.

한양교회(1968)

새문안교회(1972)

노량진교회(1975)

산성교회(1978)

1960~70년대 교회당

대도시를 중심으로 교회건축의 대형화, 세속화, 복합화 현상이 가속화되었다. 특히 서울 강남구는 교회구(敎會區)라 할 만치 1970년대부터 1980년대까지 대규모 교회당이 건설되었다. 1970년대 영동개발과 함께 강북의 유명한 교회가 이전하였을 뿐만 아니라 새로운 교회가 개척되기도 하는 등 교회건축 붐이 일어난 지역이다. 고급 아파트와 주택가가 많아 교인확보가 쉬웠기 때문이다. 대형 교회로 광림교회(1979), 산성교회(1978), 충현교회(1988), 소망교회(1988) 등이 건축되었다.

1990년대는 교회건축에 특별한 변화가 나타나기 시작한 시기였다. 그동안 양적 팽창을 위주로 급속도로 이루어지던 교회의 성장이 눈에 띄게 정체되면서, 한국 교회는 질적 성장에 깊은 관심을 보이기 시작하였다. 예배실의 크기에 대한 요구로부터, 교육 및 친교, 봉사 등 교회의 다른 활동을 위한 공간적 요구가 급증하였고, 나아가 지역사회에 열린 교회로서의 사회적 공간에 대한 요구들도 나타났다.

최근에는 예배에 대한 신학적 해석과 예배의식의 변화에 따라, 예배실의 평면형식과 공간구성 그리고 강단의 배치에 있어 피상적인 틀을 벗어나 새로운 예배의 의미와 형식에 맞추려는 시도가 나타나고 있다. 또한 교회건축의 문화·예술적 가치의 선교적 역할과 상징적 역할에 대해 새롭게 인식하기 시작하면서 일부에서는 발전적 목회의 중요한 환경으로서의 수준 높은 교회건축을 요구하게 되었고, 이에 부응한 건축가들의 노력으로 높은 작품성을 인정받는 교회건축물들이 나타나기 시작하였다.[49]

급속한 성장과정에서 개신교회는 이전과 확장을 거듭하였으며, 따라서 초기 건축유산들은 거의 사라지고 몇몇이 남아있을 뿐이다. 현

---

49) 정시춘, 『교회건축의 이해』, 도서출판 발언, 2000, pp.171-172.

성당명	강화성당(1900)	온수리성당(1906)	부대동성당(1920)	병천성당(1921)	진천성당(1923)	수동성당(1935)
평 면						
입 면						
단 면						
규모(간·층수)	중층 4×10간	단층 3×9간	단층 3×8간	단층 3×8간	단층 4×8간	단층 4×8간
지붕가구	5+2량	7량	7량	7량	7량	9량
신랑 : 측랑	2 : 1	6 : 7	4 : 1	5 : 1	2 : 1	2 : 1
단변 : 장변	1 : 2.2	1 : 2.5	1 : 2.4	1 : 2.4	1 : 1.9	1 : 1.9
출입구 형태	배랑, 단변진입	포치, 단변진입	포치, 단변진입	장변진입	포치, 단변진입	포치, 단변진입
지붕/천장	팔작 기와/노출	팔작 기와/노출	팔작 기와/노출	팔작 기와/노출	팔작 기와/노출	팔작 기와/노출

성공회 주요 한옥 성당 분석표

재, 정동교회(1898, 사적 제256호)를 비롯해 구세군중앙회관(1928, 서울시기념물 제20호), 대구제일교회(1908, 대구시유형 제30호), 강화서도 중앙교회(1923, 문화재 자료 제14호) 등 지정문화재 8개소, 철원감리교회(등록문화재 제23호), 여수애 양교회(등록 제32호) 등 등록문화재 13개소가 있다.(부록 참조)

성공회는 개화기는 물론이고 일제강점기, 해방 후 1950년대까지 한옥 성당이 일관되게 나타난다. 외래 종교인 그리스도교 건축의 토착화의 상징인 강화성당(1900년, 완벽한 바실리카식 한옥 성당)이 건립됨으로써 이후 성공회 성당의 모범이 되었다. 일제강점기에도 서울대성당(1926), 인천 내동성당(1956) 등 몇몇 로마네스크 양식의 벽돌조 성당을 제외하고는 대부분 한식 또는 한·양 절충식이었으나 1960년대 이후 한옥 성당의 건축은 차츰 자취를 감추게 되며, 1960년대 이후의 성공회 건축은 건축적인 측면에서는 쇠퇴기에 접어들게 된다.

현재 성공회 성당으로는 한옥 성당인 강화성당(1900, 사적 제424호), 온수리성당(1906, 인천시유형 제52호), 온수리성당 사제관(1933, 인천시유형 제41호), 청주 수동성당(1935, 충북유형 제149호) 등 4개소와 양식 성당인 서울대성당(1926, 서울시유형 제35호), 인천 내동성당(1956, 인천유형 제51호) 등 2개소가 지정문화재로 지정되어 있고, 등록문화재로 한옥 성당인 진천성당(1923, 등록문화재 제8호) 등이 있다.(부록 참조)

교회건축과 전례공간의 배열

현대 교회는 전례, 친교, 교육, 선교, 봉사라는 기본적인 기능과 이를 촉진하기 위한 다양한 프로그램 활동들을 포함한다. 이러한 활동들은 각각 서로 다른 특성들을 가지고 있을 뿐만 아니라 영적인 문제들과 관련되어 있기 때문에 다양하고 특별한 공간들을 요구한다. 따라서 교회건축의 공간계획은 다른 어떤 종류의 건축보다 매우 복잡하고 어렵다.

더욱이 이러한 공간들은 서로 결합하여 어떤 형태를 이룸으로써 '하느님의 집'과 '하느님 백성의 집'을 상징적으로 표현하여야 하기 때문에 고도의 전문적이고 창조적인 능력을 필요로 한다. 특히 교회건축의 핵심인 전례공간은 교회건축의 역사성과 전통성의 기초 위에 신학적인 해석도 필요하다.

양식(style)과 규범에 의해 설계되던 과거와 달리 현대 교회는 건축가와 예술가에게 많은 자유가 주어져 있다. 그런 만큼 전례와 신학에 대한 기본적인 이해가 더욱 필요하다. 그리스도교 교회의 전례는 종파에 따라서 차이가 있다. 그러나 가톨릭 전례를 기본으로 어떤 부분이 생략되거나 강조되거나 하였다. 가톨릭 전례에는 통일된 규범이 존재한다. 따라서 가톨릭 교회의 전례공간 계획의 가이드 라인은 모든 종파의 교회건축과 성 미술에 유익한 참고가 될 수 있다.

교회건축과 전례미술에 대한 현대 가톨릭 교회의 규범이 되는 것은 우선 제2차 바티칸 공의회의 전례헌장에 명시된 전례의 사고다. 특히 제7조는 가장 중요한 원리로 되어 있다. 말씀의 전례는 성서 낭독을 중심으로 행하나 제51조는 회중을 향하여 낭독할 것을 명기하고 있다.

제7장(122~130조)은 교회미술과 제구 및 제의에 관한 장인데, 여기에는 교회와 미술과의 관계를 비롯하여 교회미술의 사명과 그것을 촉진하고 좋은 것을 보존하기 위한 지도와 교육, 또 그것을 규제하는 법규의 필요성, 성당건축, 성상, 성서와 제구, 제의 및 교회용구와 장비품 등에 대해 9개조의 원칙이 명시되어 있다.

전례거행을 위한 성당의 내부 구조는 기본적으로 성단(sanctuary), 성체보존을 위한 장소, 회중석 및 고백소, 세례소 등의 성사집전 공간 등으로 구성된다. 현대 성당건축의 내부 공간구성에 있어 가장 크고 일반적인 변화는 다음과 같은 3가지다.

① 제대의 위치: 제대는 앱스나 제단벽의 근처이거나 벽에 붙여 놓였으나 제2차 바티칸 공의회 이후에는 사제가 제대 주위를 충분히 돌 수 있도록 벽과 충분한 공간을 유지하며, 신자들의 주의가 자연히 모이는 중심에 둔다.

② 집전사제의 방향: 제2차 바티칸 공의회 이전에는 사제가 신자를 등진 상태로(신자와 같은 방향으로 서서) 미사를 행하였으나, 지금은 마주보고 행한다.

③ 감실의 위치: 이전에는 성단 내 감실제대 위에 두었으나 지금은 제대 중앙 뒤쪽이나 성단의 좌 혹은 우측에 위치하며, 심지어 분리된 채플에 따로 두기도 한다.

성단의 의미와 구성요소

성당 내부 공간구성의 출발점은 "여러분은 나를 기억하여 이를 행하시오"(루가 22, 19)라는 그리스도의 말씀이다. 하느님의 뜻은 교회가 예배를 위해 모여서 바로 그리스도가 자신의 사도들과 했던 일을 해야만 한다는 것이다. 신자들이 사제와 함께 그리스도의 행동과 말씀과 표징을 반복하여 행할 때 주님, 즉 예수 그리스도가 스스로 신자들 사이에 구원의 선물을 가지고 현존한다. 이와 같이 하느님 백성들의 행위는 교회 내부 공간구성을 위한 원칙이 된다. 어디에 어떻게 성당이 세워지든 항상 근본적인 것은, 미사에 참여하는 사제와 신자들로 구성된 공동체는 그 자체로서 본질적인 예배장소를 형성한다는 것이다.

미사예식에 적합한 공간을 만들기 위한 성당 내의 배치는 각자가 역할을 분담하고, 각각의 역할이 미사 중에 기능적으로 효과를 올릴 수 있는 집회의 장이 되어야 한다. 거기에 적합한 주례자와 봉사자의 자리가 필요하고, 회중과 성가대의 자리도 능동적인 참여를 용이하게 하는 곳이어야 한다.[50]

성단을 구성하는 데는 제대, 사제석, 독경대, 십자가상, 감실, 낭독대(해설대), 성찬란, 제의실 등 7가지의 전통적인 요소가 있다. 그 중 제대, 사제석, 십자가상, 독경대는 미사에서 그리스도 현존을 표현하는 필수적인 요소다. 감실은 가톨릭의 봉헌적인 삶의 초점이요 성체성사와 관련된 중요한 설비다. 그러나 미사에 꼭 필요하지 않으며 정확히 말해 성단 내에 배치할 필요가 없는 것으로 그 위치는 현대 성당계획에서 가장 심각히 고려해야 할 부분이다.[51] 해설대와 성찬란은 전례적으로 꼭 필요한 것은 아니지만 기능적인 이유에서 전통적으로 존치되어 왔다.

---

50) 성당 축성 예식서 2장 1절 3항 및 미사 경본 총지침 257.
51) 김정신, "가톨릭 전례공간의 감실 위치에 관한 실천신학적 연구", 「건축역사연구」
    (건축역사학회지 제1권 1호, 1992) 참조.

제대의 위치와 사제의 방향

제2차 바티칸 공의회 이후 거의 보편적으로 사제는 회중을 향한 일종의 '대면식 미사'를 거행한다. 공식적인 명령이 없었지만 그 변화는 순간적으로 일어났다. 전례헌장이 제대를 벽에서 떨어지게 함으로써 회중을 향한 미사가 가능하게 된 때문이지만 공의회 중에 처음으로 TV로 방영된 교황의 베드로 대성당에서의 미사 때문이라고 생각된다. 그것이 회중을 향한 바실카식 배열을 보여 준 이래 새로운 규범이 된 것이 공통된 결론이다.[52] 지금은 규범이 되었지만 그것이 건축과 공동체에 미친 영향을 검토할 필요가 있다.

먼저 가톨릭 전례의 동적인 성격을 이해하는 것이 중요하다. 회중을 등진 사제는 비밀스럽고, 엘리트적인, 그리고 평신도와 꽤 분리된 어떤 것을 하고 있는 것으로 이해될 수도 있다. 사제와 신자들이 같은 방향으로 향하면 사실 그들이 삼위일체적인 예배행위로서 같은 일(미사)을 하는 것이 된다. 사제가 회중을 인도하며 그 배열은 얼굴을 알 수 없는 다소 익명의 사제가 신과 인간 사이를 연결하는 '또 다른 예수'라는 것을 환기시킨다.

그러면 회중과 마주보는 사제의 위치가 과연 신자들의 적극적인 전례에의 참여를 돕는가? 혹시 신자들은 오히려 영화관이나 극장에서의 관람객처럼 되는 것은 아닌가? 사제와 마주보고 미사를 드리는 일반 신도가 전례에서의 한 역할을 제대로 하는가에 대한 진지한 검토가 필요하다. 랏칭거(Ratzinger) 추기경이 지적하듯이 서로 마주보는 사제와 신자들은 "대화적인 관계 속에서, 성찬식에 탁월성을 부여하는 격정적인 삼위일체의 역동성을 깨닫지 못하면서도 긴밀한 원으로 회중을 끌

---

52) Bouyer, *Liturgy and Architecture*, pp.105-106.

어넣을 수 있다."53) 또한 상식적인 측면에서 제대를 사이에 둔 배열은 분리된 '그리스도의 몸'을 암시할 수도 있다. 사제는 관람하는 회중들을 위해 다른 무엇을 하는 것으로 보인다.

역사적으로 신자와 사제의 방향에 대해서는 둘 모두 나름대로의 근거를 갖고 있다. 중세까지 회중을 향한 미사가 뚜렷한 기준은 아니었다는 것이 명백하다. 그러나 반종교개혁까지의 대다수 교회는 동쪽을 향했다. 최후의 만찬의 전형은 모두 같은 방향으로 향할 것을 권장하고 있다. 같은 편에 앉은 주님과 사도들이 식탁의 다른 편으로부터 봉사를 받는 그런 모습이다. 이것은 지중해 문화의 향연(饗宴)의 일반적인 배열이다. 그렇지만 최후의 만찬으로부터 많은 것을 구하려는 시도는 어리석은 짓이다. 왜냐하면 그것은 교의적(敎義的)인 내용이지 실제 전례 형식이 아니기 때문이다.

순교자의 석관(石棺) 위에서 행해졌던 카타콤 미사는 아코소리움(ar-cosolium)이 보통 벽을 등진 것으로 보아 모든 사람이 같은 방향으로 예배를 보았을 것이며, 초기 시리아 교회는 앱스나 회중석의 중앙에 제대를 놓았다. 중요한 것은 사제가 어떤 방향으로 신자들을 면하는가가 아니라 우주적인 전례의 일부로서 모두가 동쪽을 향했다는 사실이다. 사실 '회중과 마주하는' 이집트 교회에서도 성찬 기도시 '동쪽을 향하도록' 하였기 때문에 제대를 등지는 결과가 되기도 하였다.

10세기경까지에는 미사가 회중을 향해 거행되더라도 사제의 탁월한 위치는 벽면을 등지고 제대를 바라보는 위치였다. 점차 동향(orientation)에 대한 고려는 사라졌다. 바로크 성당들은 고대의 참조 없이 지어졌는데 14세기에서 19세기까지 리어도스(reredos)는 회중과 무관한 방향성

---

53) Ratzinger. J., *Feast of Faith*, IGNATIUS, 1986, p.142.

을 강조하였다. 문화와 인식이 변하면서 사제와 회중은 각기 다른 분리된 일을 하는 것으로 보게 되었다.

지금까지 검토해 보았듯이 핵심은 사제와 신자가 마주보는 문제가 아니라 적절한 방향 잡기(orientation)였다. '제대 주위로 에워싸야(turned)한다'는 것은 잘못된 고고학적 결론이다. 공의회의 진실한 '적극적인 참여'(participatio actuosa)의 정신으로 돌아가서 방향(orientation), 지향(direction), 위치(position)의 문제와 제대와 성단의 회중석에 대한 관계를 재 고찰해야 한다. 교회의 결정적인 모델로서 19세기의 교회를 그대로 채택하여서는 안 되지만, 동시에 공의회 이후의 형태를, 특히 사목적으로, 신학적으로, 역사적으로 허약성을 지닌 형태를 묵계적으로 받아들여서도 안 된다.

교회의 신비를 표현하는 '위계적인 그리스도의 몸'과 '하느님의 일반 백성' – 전적으로 상반되지 않는 – 을 반영하는 건축적인 배열을 찾기 위해서는 다음과 같은 4가지가 필수적으로 고려되어야 한다.

첫째, 관람자로 전락하는 위험 없이 미사 성제에 신도들의 진실한 참여를 촉진하는 배열.

둘째, 성직과 평신도 사제직의 진정한 구별을 반영하는 배열.

셋째, 제대의 참다운 탁월성을 부여하는 배열.

넷째, 교회 전체 –사제와 신자– 가 한 방향(동쪽)을 향해 기도하는 고대의 깊은 크리스찬 행위를 회복하는 배열.

성체보존과 감실

가톨릭 성당에서 제대 다음으로 중요한 것이 성체를 모시는 감실이다. 법 규정에 따르면 성당이나 소성당(채플)에는 단 한 곳의 감실을 둘 수 있다. 이것은 파괴할 수 없을 정도로 견고하고, 내화적이며, 불투명하고, 신성해야 한다. 그리고 그 앞에 항상 그리스도의 현존을 알리고 주께 대한 존경의 표시로 작은 램프(성체등)를 켜 놓는다. 감실의 위치에 대한 규정은 덜 명확하며 여러 해석의 여지를 두고 있다.

역사적으로 성체는 성당 내가 아니지만, 여러 가지 이유로 보존하였다. 성체는 허약자나 병자, 박해시대의 비밀 분배를 위해 보존되었으며, 성찬식이 불가능할 때에는 따로 개인 집에 보존되기도 하였다. 후에 교회가 확립된 이후 16세기까지 나라와 시대의 변천에 따라 여러 형태의 성체보존이 있었다. 12세기까지는 일반적으로 사크라리움(sacrarium)이라 부르는 성당 내 성단(sanctuary) 곁의 방의 벽장 속에 보존되었다. 14세기부터 독일과 네덜란드 지방에서는 크고 정교하게 장식된 탑 형태의 장식 구조물인 '성체의 집'이 성당 안에 세워졌다. 어떤 것에는 공경을 위해 투명한 용기 안에 보존되었으며, 때때로 축성된 성체가 임시로 제대 위에 보존되거나 이동할 수 있는 감실, 즉 성합(pyx)에 보존되기도 하였다.

12세기 말부터 감실이 보편적으로 제정되는 19세기까지 서서히 탁월함을 얻으며 사용되기 시작하였다. 타브나클(tabernacle)이라는 단어는 언약궤를 모신 텐트와 같은 구조물을 상기하기 위해 'tent'라는 뜻의 라틴어 tabernaculum에서 나왔는데 중세에는 감실 이외에도 여러 가지를 지칭하는 데 쓰였다.[54]

감실의 사용이 아직 보편화되지는 않았지만 최소한 13세기 이후부터는 제대 위에 감실을 두는 것이 가장 적당하다고 생각되어졌다. 종

---

54) 예를 들면, 천개에 의해 덮인 제단, 성체 현시대, 성물함, 성체탑, 중세 제단의 한 유형, 성인상을 안치하는 캐노피 달린 니치 등(ibid., p.167)

교개혁 후 밀라노의 보로메오(St. Carlo Borromeo)는 그의 교구 내 모든 교회는 대 제대(high alter)에 감실을 놓도록 명령하였다. 제대와 성체 보존과의 제휴는 주로 제대 위에 매달린 성합에 의해 최소한 11세기부터 널리 받아들여졌다. 이것은 제대 뒤편의 조각적인 리어도스(reredos, 장식 병풍)의 발전으로 더욱 연합하게 되는데 15세기 후반부터 감실은 리어도스의 중요한 부분이 되었다. 때때로 그것은 과도하게 장식된 큰 제대에 맞추어 정교한 구조가 되기도 하였고, 때로는 그것이 삽입된 거대한 구조물 속의 작은 단순한 공간이기도 하였다. 성체 공경과 베네딕도회가 17세기에서 19세기 사이에 넓게 퍼지면서 제대는 봉헌의 장소보다는 '성체의 집'이 되었다. 따라서 감실은 더욱 커지고 정교하게 장식되어 제대를 압도하면서 교회의 초점이 되었다.

감실의 위치에 관한 검토

제2차 바티칸 공의회 이후 일반 신자들의 미사에의 적극적인 참여를 위해 제대가 옮겨진 후 자연히 감실은 제대로부터 분리하게 되었다. 정확히 말해서 감실은 그 자체 – mensa –가 아니라 제대 뒤편 선반(gradine)이나 장식 병풍에 설치되었다. 그러므로 중세 초기의 매달린 성합과 비슷한 위치 관계에 놓이게 된 셈이다. 감실의 위치가 제대를 압도하기도 하였으나 그 근접성은 감실과 제대 사이의 밀접한 관계를 반영하였으므로 많이 선호되어 왔다. 감실 위치에 관한 모든 문헌상의 언급 – '참으로 탁월한 장소', '고상하게 장식된 장소' – 을 염두에 두면서 다음과 같은 세 가지 장소를 검토해 볼 수 있다.

제대 위의 감실

중세 이후 오랫동안 선호되어 온 제대 위의 감실은 허용될 수 있으나 최적의 장소는 아니며, 또한 상징적인 면에 있어서도 당위성이 약하다. '성체 신비 공경에 관한 예부성성 훈령(Eucharistium Mysterium)' 제 55절에는 미사 중 감실의 위치에 대한 문제점에 관해 다음과 같이 제안하고 있다.

> 그리스도께서 당신 교회에 현존하시는 여러 가지 중요한 양상이 미사 집전에서 점차로 나타나는 것이다. … 그러므로 외적 표시라는 점에서는 성체성사로서의 그리스도의 현존은 축성의 열매이며 그리스도 자신의 현시일 수밖에 없으므로, 가능하다면 미사 집전 시초부터 이미 그 제대 감실에 성체가 안치되어 있지 않는 편이 오히려 성체 집전의 성질상 더 적합할 것이다.[55]

위의 글에서 감실은 제대 위에 속하지 않는다는 것이 명백하다. 이것은 성단(sanctuary)에 감실을 두어서는 안 된다는 뜻은 아니지만 성체 보존을 위해서 분리된 공간 – 성찬 채플(eucharistic chapel) – 이 필요하다는 것을 강하게 암시하고 있다.

성단 내의 감실

공의회 이후 보편적으로 채택되는 제대 가까이 성단 내에 감실을 두는 것에 대해서는 여러 가지 논쟁이 있을 수 있다.

첫째, 성체 축성(celebration)과 성체 보존(reservation), 즉 같은 실재의 동

---

55) *Eucharistium Mysterium*, 55.

적인 양상과 정적인 양상 사이에 일어날지 모를 혼돈과 경쟁을 피하기 위해서 분리해야 한다는 것이다. 흥미롭게도 성체 거행과 성체 형상을 논할 때 똑같은 "교회의 핵심으로서 성체(Eucharist)."라는 동일한 용어를 사용한다. "성체 거행(the celebration of Eucharist)이야 말로 크리스찬 생활의 중심."56)이며, "성체는 수도 공동체와 본당 공동체의 영적 중심으로서, 또한 보편 교회와 전 인류 공동체의 영적 중심으로서도 성당과 기도소 안에 보존되어 있다."57) 교황 바오로 6세는 감실을 "우리 교회의 살아있는 심장."이라고 불렀다. 그러므로 이 둘은 같은 것의 두 가지 양상이기 때문에 둘 다 중심이며 어떠한 구별이 있을 수 없는 하나인 동시에 희생 성사(Sacrifice-Sacrament)요 친교 성사(Communion-Sacrament)요, 현존 성사(Presence- Sacrament)인 것이다. 따라서 둘 사이에 경쟁이 있을 수 없다.

그러나 미사 중 성체 안에 계시는 그리스도께 주의를 집중시키게 된다면, 지금 당장 성부께 예배드리는 분은 회중 안에 진실로 현존하시는 그리스도 자신이라는 중대한 사실을 망각하게 될 수도 있다. 미사의 이 거룩한 순간에 있어서 우리는 성부께서 오늘 예배를 드리도록 불러 모으신 이 집회 안에 현존하시는 그리스도께로 신자들이 집중되기를 원하는 것이다. 그러므로 미사 중 제대보다 감실에 주의가 집중된다면, 이러한 혼란을 피하기 '위해 성단으로부터 감실을 옮기는 것이 정당한 이유가 될 수 있다. 어쨌든 축성과 공경 사이에는 뚜렷한 차이가 있으며, 사실 성체 현시 앞에서의 미사 거행은 전례적으로 허용될 수도 없다.58)

---

56) *ibid.*, 6.
57) *Mysterium Fidei*, 68.
58) *Eucharistium Mysterium*, 61.

둘째, 성체 거행은 공적인 일이지만 성체 흠숭은 개인적으로 드리는 것이므로 감실은 성단의 공적인 성격과 충돌을 피하기 위해 채플에 두는 것이 타당하다는 것이다. 그러나 감실에 대한 흠숭이 꼭 개인적인 기도라기보다는 공공적인 행위로 보는 것이 옳다. 성체 흠숭은 성체 거행과 확실히 결부되어 있으며 그 관계는 부정할 수 없다. 따라서 감실은 제대와 깊은 연관을 가졌을 뿐만 아니라 공공행위의 성상(icon)이다.

셋째, 제대는 전례의 중심이고 진정한 성상(icon)이며 성단은 제대를 두기 위해 만들어졌기 때문에 성단 안에서는 다른 어떤 것도 그것을 방해할 수 없다는 것이다. 사실 그리스도의 성상으로서 제대의 중요성이 많이 상실된 것이 사실이다. 제대는 역사적으로 존경되어 왔다. 초기 교회에서는 사제들만이 오직 최상의 흠숭으로 제대에 가까이 갈 수 있었다. 중세를 통해 장식 병풍의 출현으로 제대에 대한 공경이 줄어들면서 대중적인 공동 경건으로 되었다.

이 논쟁도 여러 가지 질문을 유도한다. 먼저 감실이 정말 제대와 경쟁하는가? 감실이 제대와 떨어져 성체 조배실에 안치되고 매일 미사가 그곳에서 봉헌된다면 똑같은 문제가 발생한다. 더욱 중요한 질문은 제대가 정말 감실에 모셔진 성체보다 더 중요한가이다. 제대는 그리스도의 상징이다. 그러나 감실은 그리스도 그 자신인 성체를 모시고 있다. 성체는 성상도 조상(彫像, figure)도 아니며 빵과 포도주의 형상 안에 실재적으로 현존하는 그리스도의 몸과 피다. 그리스도의 형상으로서 제대를 아무리 높게 평가하더라도 그의 몸의 지극히 거룩한 선물보다는 아래임이 틀림없다. 그러므로 감실을 성단에서 옮기는 것보다 캐노피 등의 다른 장식물로서 감실과 제대에 합당한 탁월성과 존경을 줄 수도 있을 것이다. 제대가 성단의 중앙에 위치하면 자연히 전례의 중심이 된다. 그리고 감실이 멋진 니치(niche)나 에디큘러(aedicular) 같은 구조 안에 있으면 저절로 평온한 상태가 될 수 있을 것이다.

분리된 경당 — 성체 조배실(Eucharist chapel)

감실은 제대나 성단보다 분리된 채플(chapel)에 두어야 이상적이라는 주장에는 다음과 같은 이유가 있다.

첫째, 삼위일체와 미사의 관계에서 볼 때, 미사 중 신자들의 주의가 성체께로 끌리게 되는 위치에 감실을 두지 말아야 된다는 것이다. 미사 경본을 살펴보면 신자들이 미사 중에 드리는 경신례는 성자를 통해 성부께로 향하는 것이지 직접 성자께 드리는 것이 아님이 명백히 드러난다. 본 기도나, 봉헌 기도나, 영성체 후 기도를 검토해 보기로 하자. 그 기도들이 하느님께 대한 것이거나 주께 대한 것이거나 간에, "천주 성자, 우리 주 예수 그리스도의 이름으로."라는 말로 끝맺는 것이라면 이 기도들은 모두 성부께 바쳐지는 것이라 할 수 있다. 감사송과 전문(典文)에 있어서도 마찬가지다. 전문의 시작을 보면 "지극히 어지신 성부여, 성자 우리 주 예수 그리스도의 이름으로 겸손히 청하노니…"라는 말이 있고, 또 전문의 모든 기도는 "우리 주 예수 그리스도의 이름으로…"라는 말로 끝난다. "그리스도를 통하여, 그리스도와 함께, 그리스도 안에서… 온갖 영예와 영광을…"이라는 말은 성부께 대한 기도다. 때문에 미사 전체를 통해서 성자께 바쳐지는 기도는 매우 드문 것을 알 수 있다. 미사의 기도들이 우리의 주의를 성자를 통해서 성부께로 향하게 하는 때에는 그 기도들은 곧 성서에 계시되어 있는 하느님의 삼위일체를 강조하는 셈이 된다.[59]

---

59) 한국 천주교 중앙 협의회, 『司牧』 8호, p.65.

그런데 만일 감실이 미사 중에 중앙 제대 뒤에나 혹은 근처에라도 있게 되면 신자들의 주의는 미사 거행 자체에 있어서 주 예수를 통해서 성부께로 향하는 대신에 감실 안에 계시는 성체께로 바로 향하게 될 우려가 있다.

둘째, 성당 내에 세속적인 동선이 빈번한 경우 중앙에서 분리된 장소가 성체 보존에 적합하다. 역사적이고 예술적인 보물 때문에 방문객이 많은 대성당이나 군중이 자주 모이고 계속 미사가 봉헌되는 순례 성당, 그리고 결혼이나 장례가 자주 있는 도시 성당 등에서 특히 요구되는 사항이다.

이러한 이유 때문에 감실이 성단에서 떨어져야 한다면 다음과 같은 사항이 꼭 고려되어야 한다.

첫째 적합성의 고려다. '성체 신비 공경에 관한 훈령(Eucharistium Mysterium, 1967)'은 다음과 같이 요구하고 있다.

성체는 파괴할 수 없을 정도로 견고한 감실 속에 보존되어 중앙 제단이나 또는 참으로 훌륭한 작은 제단 중앙에 안치되어야 하며, 합법적 관습과 그곳 주교가 인가하는 특수한 경우에는 그 성당의 아주 고상하고 잘 장식된 다른 장소에 안치할 수도 있다.[60]

둘째, 감실이 제공하는 방향성의 고려다. 감실은 가톨리시즘의 성상이라 할 수 있다. 신자들은 감실 앞의 낮익은 빨간 등을 보고 즉각 가톨릭 성당에 와 있음을 안다. 반대로 감실이 뚜렷하지 않으면 불안함

---

60) *Eucharistium Mysterium*, 61.

을 느낄 것이다. 감실은 전례에 들어가는 방향성을 준다. 성당에 들어
갈 때 속(俗)에서 성(聖)으로 들어가는 것을 준비하는 일련의 오래된 의
식이 있다. 성수로 성호를 긋고, 감실 앞을 지날 때는 깊은 절을 함으로
써 주님이 그 안에 계심을 인정한다. 미사가 시작되기 전 신자는 무릎
을 꿇고 기도한다. 신성한 예배에 들어가기 위해 스스로 준비하는 것
은 인간적인 요구다. 그리고 감실에 대한 존경의 표시는 가톨릭에 있어
이러한 과정의 한 부분이다. 그러므로 신자가 기대했던 그곳에 감실이
없다면 '주인'이 있다는 어떠한 표시도 없는 하느님의 집에서 편안함을
느끼기가 힘들며 세상을 뒤로 하고 거룩한 전례에 들어가기가 어렵다.
이것은 인간적인, 그러므로 사목적인 방향성에 대한 고려다.

제2차 바티칸 공의회에 의해 이행된 전례 쇄신의 요구를 만족시키기
위해서 기존 교회는 재 정렬되었고 새로운 건물을 위한 지침이 만들어
졌다. 이러한 과정에서 성직자와 건축가가 당면한 가장 당혹스런 문제
는 감실의 위치였다. 공의회 문헌을 비롯한 몇몇 문헌에서 이 문제에
대해 언급하고 있으나 명확하지 않으며 전례학자와 교구 위원회의 해
석도 상반되거나 모호한 점이 없지 않다.

성체 공경의 개인적인, 그리고 공공적인 측면을 모두 고려할 때 성
단에 가까운 분리된 채플이 가장 바람직하다.

넷,

부 록

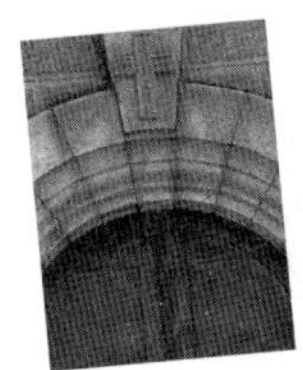

문화재로 지정·등록된 천주교 성당 유산

구분	명칭	년대	유산 개요
사적 (8)	서울 명동성당	1898년 준공 (사적 258)	최초의 교회공동체가 설립된 유서깊은 장소성과 함께 국내 최고의 벽돌조 고딕양식 성당인 명동성당을 비롯하여 초기 벽돌조 양식건물이 군을 이루고 있다.
	서울 약현성당	1892년 준공 (사적 252)	우리나라 최초의 서양식 교회건축으로 한국 교회건축의 모범이 되었다.
	대구 계산동성당	1902년 건축 (사적 290)	한강이남에서는 가장 오래된 성당으로 로마네스크양식. 정면에 고딕식 첨탑을 올린 두 개의 종탑과 긴 라틴십자형 공간이 특징이다.
	서울용산 예수성심성당	1902년 건축 (사적 255)	현존하는 한국 최초의 신학교건물의 부속성당으로서, 경사지에 독특하게 건축된 고딕양식이다.
	전주 전동성당	1914년 준공 (사적 288)	박해시대 천주교 신자들을 사형했던 풍남문 밖에 지어졌다. 회색과 붉은색 벽돌을 이용해 비잔틴 양식과 로마네스크 양식을 혼합하였다.
	인천 답동성당	1937년 준공 (사적 287)	원벽돌조 성당을 그대로 두고 증축하였다. 콘크리트구조와 벽돌조적구조의 혼합형태로 삼랑식의 내부공간을 이루고 있으며 주변의 상징적인 건물이다.
	익산 나바위성당	1906년 건축 (사적 318)	남녀석을 구분해 가운데 칸막이가 설치된 목조 한식성당으로 한국전통양식과 서양양식이 합쳐진 점에서 주목할 만하며, 전례와 교회건축의 토착화의 좋은 사례다.
	양화나루 잠두봉유적	조선후기/ 1966년 건축 (사적 399)	박해시대 처형장으로 한국 천주교의 주요 성지이며, 전통을 현대적으로 해석한 한국 현대건축의 기념비적인 성당과 기념관이 있다.
시도 유형 (7)	횡성 풍수원성당	1907년 건축 (강원유형 69)	유서깊은 교우촌에 한국인 신부가 지은 강원도 최초의 성당(한국에서 4번째)으로 건립된 로마네스크식 성당.
	원주 용소막성당	1915년 건축 (강원유형 106)	유서깊은 교우촌에 지어진 고딕식 벽돌조 성당으로 이 시기 성당건축양식의 일반적인 형태와 구조를 취하고 있다. 지붕 꼭대기의 뾰족한 탑이 매우 높은 것이 특징이다.
	대구 성모당	1918년 건축 (대구유형 29)	루르드 성모굴을 본 따 회색과 적색벽돌 및 화강석으로 축조된 야외성당이다. 각 부분의 비례구성이 아름답고 벽돌의 짜임이 정교하다.
	칠곡 가실성당	1923년 건축 (경북유형 348)	전형적인 지방의 벽돌조 고딕성당으로 대구지역 신앙의 중심지로서 성당과 각종 기물 등 역사적 자료와 흔적을 보존하고 있다.

문화재로 지정·등록된 천주교 성당 유산

구 분	명 칭	년 대	유산 개요
시도기념물 (12)	대구샬트르바오로수녀원성당	1927년 건축 (대구유형 43)	보존상태가 양호한 고딕식의 채플. 간결하면서도 비례, 디테일이 아름답다. 대구교구의 역사성과 건축사적인 가치를 지니고 있다.
	감곡성당	1930년 건축 (충북유형 188)	명동성당의 축소판 같은 인상을 주는 벽돌조 양식성당으로 사제관과 함께 주변의 경관이 잘 보존되었다.
	공주 중동성당	1936년 건축 (충남기념 142)	약현성당을 모델로 한국인 신부가 설계. 라틴십자형의 로마네스크 양식의 성당으로 양식에 충실하다.
	하우현성당 사제관	1906년 건축 (경기기념 176)	유서깊은 교우촌에 지어진 석조의 초기 사제관으로 서양선교사의 주거생활을 알 수 있다. 한양절충식이다.
	아산 공세리성당	1921년 건축 (충남기념 144)	벽돌조 고딕양식의 성당과 수백년 된 나무로 둘러싸인 주변의 아름다운 경관. 비구조적인 삼랑식 공간, 목조 마루 등 한국전통과 습합한 양식성당이다.
	안성 구포동성당	1922년 건축 (경기기념 82)	유교서당의 목조기둥·서까래·기와 등을 재사용해 건축. 건물의 내부장식이 서양식인 반면 구조와 외곽은 전통적인 목조건축 양식을 채택하였다.
	당진 합덕성당	1929년 건축 (충남기념 145)	박해 시 순교지에 세워진 이 성당은 회색벽돌과 붉은벽돌을 조적한 특이한 양식의 건물로 교회사와 건축사의 중요한 의미를 지니고 있다.
	예산성당	1934년 건축 (충남기념 164)	한국인 신부에 의해 건립된 벽돌조 삼랑식 성당으로 비례와 디테일이 우수함. 사제관과 함께 원형을 보존하고 있다.
	제천 배론 성지	(충북기념 118)	천주교 박해기 유수한 교우촌. 지형이 마치 배 밑바닥과 같은 모양이라서 '배론'이라는 이름이 붙여졌다. 황사영이 머무르며 '백서'를 썼던 토굴과 성 요셉 신학교, 최양업 신부의 묘가 있다.
	치명자산 순교자묘	(전북기념 68)	천주교 박해가 심하던 때에 순교한 동정부부 유종철·이순이 (1783~1802) 와 그 가족의 묘를 치명자산(승암산 혹은 중바위)으로 옮겨 큰 십자가를 세워 그 신앙심을 기리고 있다.
	공주 황새바위 순교 유적지	(충남기념 178)	박해시대 천주교신자들이 처형된 곳. 공주 감영 또는 우영(右營)에 체포된 교인들은 현 교동성당 인근에 있는 감옥에 수감되었다가 이곳에서 처형되었다.
	진천 배티성지	(충북기념 150)	1830년대에 教友村이 형성되었으며, 1850년에는 프랑스 선교사 다블뤼(한국 성명 安敦伊) 성인 주교가 설립한 우리나라 최초의 신학교인 조선교구신학교가 자리를 잡았던 곳이다.
	되재성당지	1895년 건축, 2009년 복원 (전북기념 119)	되재성당은 우리나라에서 두 번째로 세워진 성당 건물이며, 최초의 한옥 성당이었다는 점에서 의미를 가진다. 한국전쟁 시 소실되고, 최근 복원되었다.

문화재로 지정·등록된 천주교 성당 유산

구 분	명 칭	년 대	유산 개요
문화재자료 (8)	김대건신부생가지	(충남기념 146)	성인 김대건 신부의 탄생지로 복원된 생가와 기념관 등 성지로 조성되어 있다.
	숲정이 (천주교순교지)	(전북기념 71)	예로부터 처형지로 사용해왔던 곳으로 많은 가톨릭교도들이 순교한 장소다. 숲정이라는 명칭은 숲이 칙칙하게 우거져 있는 인적이 드문 곳을 말한다.
	정읍 신성공소	1909년 건축 (전북문자 180)	원래는 사제관으로 건축된 초기의 한옥성당으로 삼랑식 공간구성을 하고 있으며 당시 지방의 소규모 성당의 전형적인 모습이다.
	대구 성유스티노신학교	1914년 건축 (대구문자 23)	신학교 건물로 중앙의 채플은 원형을 잘 보존하고 있다. 고딕과 르네상스양식의 절충형식이다.
	샬트르수녀원 코미넷관	1915년 건축 (대구문자 24)	로마네스크양식의 수녀원으로 원형을 잘 보존. 대구 천주교 역사와 건축사를 잘 보여주고 있다.
	전동성당 사제관	1926년 건축 (전북문자 178)	조오지안 양식의 벽돌조 사제관 건축으로 원형을 잘 보존하고 있다. 비교적 큰 규모의 건물로 역사성과 건축적 가치가 있다.
	마산 성요셉성당	1928년 건축 (경남문자 283)	경남지방에서 가정 오래된 성당으로 르네상스와 로마네스크양식의 절충형 석조성당이다.
	밀양 명례성당	1938년 건축 (경남문자 526)	비교적 신앙전파가 늦었던 영남지역의 초기 교우촌으로 교회역사적 의미가 매우 크며, 남녀석이 구분된 한옥성당의 드문 실례로서 건축사적 가치가 있다.
	의정부 2동성당	1953년 건축 (경기문자 99)	석조에 내부공간의 분절이 없는 강당형 성당으로 한국전쟁 직후 유행했던 성당으로 원형을 유지하고 있다.
	상주 퇴강성당	1957년 건축 (경북문자 520)	유서깊은 교우촌에 지어진 벽돌조성당으로 내부는 강당형이다. 원형을 잘 보존하고 있다.
등록 (22)	원주 대안리공소	1906년 건축 (등록 140)	목조 한옥 성당으로, 내부 공간은 회중석과 제단으로 구성된 강당, 제의실, 주 출입구의 전실로 구성되어 있다.
	고양 행주성당	1910년 건축 (등록 455)	1928년 현 위치로의 이축과 1949년 증축의 기록과 건물 뼈대를 구성하는 목조가구의 최초 건립 부분과 증축 부분이 잘 남아 있는 등 역사성을 잘 간직하고 있다. 많은 사제가 배출된 유서깊은 성당이다.
	풍수원성당 구 사제관	1912년 건축 (등록 163)	3번째로 지어진 사제관 건축. 천주교 선교사들이 생활하던 주거건축으로 서양의 생활방식이 반영된 내부공간의 처리 등을 알 수 있는 자료이다.
	장수 수분공소	1913년 건축 (등록 189)	한식목구조에 서양의 바실리카식 평면을 결합한 건물로 지역민이 참여하여 건축한 성당이다.
	서산 상홍리공소	1919년 건축 (등록 338)	전면에 3문 형식의 종각이 있는 한옥성당. 서양의 바실리카식 공간에 한옥의 구법을 활용한 귀중한 자료이다.

문화재로 지정·등록된 천주교 성당 유산

구 분	명 칭	년 대	유산 개요
등록 (22)	진안 어은공소	1924년 건축 (등록 28)	亞자형 1층 전통가옥 형태의 목조건물(너와지붕)로 우리나라 초기 천주교사 연구에 중요한 건물이다.
	나주 노안성당	1927년 건축 (등록 44)	나주 지역 최초의 천주교회이며, 이 지역의 대표적 근대건축물이다. 처음엔 장방형의 강당형 평면이었으나 1957년 트랜셉트(Transept, 翼廊) 부분을 동·서 방향으로 증축하면서 라틴십자형 평면이 되었다.
	울산 언양성당	1928년 건축 (등록 103)	울산지역에 건립된 최초의 천주교 성당. 석조 강당형 성당으로 일제 강점기에 전개된 성당건축의 변화과정을 잘 보여주고 있다.
	진주 문산성당	1937년 건축 (등록 35)	진주를 포함한 서부 경남 일대 천주교의 거점이었다. 한옥의 구 성당건물과 서양식 성당 건물이 경내에서 조화를 이루고 있다. 구 한옥성당은 삼랑식이며, 서양식 성당은 장방형 강당 형식이다.
	서산 동문동성당	1937년 건축 (등록 321)	삼랑식 평면구성을 한 준고딕식 성당. 시멘트 블록조에 인조석 씻어내기와 뿜칠로 마감하였다.
	진주 옥봉성당	1938년 건축 (등록 154)	정면의 돌출된 높은 종탑을 중심으로 성당이 좌우대칭으로 구성되어 있다. 건립 당시에는 종탑과 예배실을 갖춘 일자형 평면이었으나, 신자가 늘어나자 여러 차례 증축하면서 제의실 등을 덧붙여 현재 모습을 갖추게 되었다.
	춘천 죽림동성당	1949년 건축 (등록 54)	콜롬바노회의 석조성당으로 대표적인 건물. 외관은 로마네스크양식이나 내부는 강당형이다. 춘천교구 주교좌성당으로 전례에 합당한 좌석배열과 성미술이 특색이다.
	함평성당	1952년 건축 (등록 117)	1층에는 교육 및 사회적 공간으로, 2층에는 순수한 미사 공간으로 구성하였는데 내부 공간의 분절이 없는 강당형이며, 정면 중앙에 솟아있는 8각 종탑이 특징임.
	구 포천성당	1955년 건축 (등록 271)	화재로 지붕과 벽체일부가 소실된 1950년대의 보편적인 석조성당이다. 폐허의 아름다움을 간직하고 있다.
	원주 원동성당	1954년 건축 (등록 139)	원주교구 주교좌 성당으로 원주 지역 민주화 운동의 상징이기도 하였다. 폭에 비해 길이가 매우 긴 장방형 평면에, 정면 중앙 종탑에는 돔을 올렸다. 외벽은 인조석 물씻기로 석조처럼 보이게 하였다.
	옥천성당	1955년 건축 (등록 7)	메리놀외방전교회 미국인 사제가 지은 시멘트 벽돌조적에 시멘트 뿜칠로 마감한 성당, 전면중앙에 아치 출입문과 상부 종탑을 배치하였다. 초기에는 장방형의 강당형이었으나 증축하면서 십자형으로 바뀌었다.

문화재로 지정·등록된 천주교 성당 유산

구 분	명 칭	년 대	유산 개요
등록 (22)	강릉 임당동성당	1955년 건축 (등록 457)	1950년대 강원도 지역 성당 건축의 전형을 보여주는 건물로 종탑과 지붕 장식, 첨두형 아치 창호, 부축벽을 이용한 입면 구성 및 내부의 정교한 몰딩구성 등 의장기법에서 보존가치가 높다.
	횡성성당	1956년 건축 (등록 371)	서양 로마네스크 양식을 한국전쟁 이후의 경제적 상황에 맞추어 간략화 시켜 1956년 완공한 라틴크로스 평면의 석조 성당. 내부는 강당형이나 외관의 비례와 디테일이 뛰어나다.
	삼척 성내동성당	1957년 건축 (등록 141)	시멘트 몰탈로 마감한 검소한, 강당형 성당으로 콜룸바노회 성당건축의 특징을 잘 보여준다. 원형을 잘 보존하고 있다.
	홍천성당	1957년 건축 (등록 162)	1950년대 석조성당의 전형을 나타내는 건물로 조형적 특성이 뛰어나 당시의 기술력과 관계자들의 재치와 기지를 엿볼 수 있는 건물이다.
	춘천 소양로성당	1957년 건축 (등록 161)	국내 최초의 부채꼴 형태의 근대주의 성당. 한국전쟁때 희생된 본당 사제를 추모하여 지은 콜룸바노전교회의 기념적인 장소이기도 하다.
	서울 혜화동성당	1960년 건축 (등록 230)	건축가 이희태에 의해 설계되어 건립된 강당형(hall church)의 성당건물. 한국인이 설계한 최초의 모더니즘 교회당건물. 국내 대표적인 성미술가의 작품이 여럿 설치되어 있다.

문화재로 지정·등록된 개신교 교회당 유산

구 분	명 칭	년 대	유산 개요
사 적 (1)	정동 제일교회	1897년 건축 1926년 증축 (사적 256)	최초의 개신교 양식교회당으로, 뾰죽 아치창을 가진 빅토리아 시대 전원풍 고딕양식의 벽돌조 건축. 처음엔 라틴 십자형이었으나 증축 후 장방형 평면이 되었음.
시 도 유 형 (2)	승동교회	1899년 건축 (서울유형 130)	벽돌조 2층 예배당으로 19세기 말에 지어진 초기 개신교 교회당의 대표적인 사례. 여러 차례 부분적으로 수리하고 고쳐 지어졌으나 기본적인 형태나 구조는 보존.
	대구 제일교회	1908년 건축 (대구유형 30)	정면 우측에 종탑을 세운 간결한 고딕식 벽돌조 건물. 대구, 경북지역의 교회 건물 중 가장 오랜 역사를 가졌고, 기독교가 근대화에 기여한 상징물로서 근대 건축사 연구에 귀중한 자료가 되고 있다.
시도 기념물 (1)	구세군 중앙회관	1928년 건축 1959년 증축 (서울기념 20)	한국 구세군의 본관으로서 일제강점기와 한국전쟁을 거쳐 한국 구세군의 중흥기인 근대화 과정까지 한국 구세군의 혼과 정신이 뿌리깊게 배어 있는 건물. 2층 집회·예배당의 목조 해머빔 트러스가 특징.
문 화 재 자 료 (4)	영천 자천교회	1903년 건축 (경북문자 453)	우진각 지붕의 단층 목조 한옥 교회당으로 2칸X4칸의 장방형 평면에 연등천장, 지붕틀은 절충식의 트러스구조이다. 내부 열주에 의해 공간이 양분되고, 남·녀석 구분의 칸막이가 설치되었었다. 선교 초기의 시대적·건축적 상황과 교회건축의 토착화 과정을 잘 반영하고 있다.
	금산교회	1908년 건축 (전북문자 136)	건물은 남북방향으로 5칸이며, 여기에서 동쪽으로 2칸을 덧붙여 뒤집힌 ㄱ자 형태를 이룬다. 두 날개가 만나는 부분에 강단이 설치되고 남쪽 날개에 남자석, 동쪽 날개에 여자석으로 분리되었다. 전통사회의 남녀구분이라는 문제를 ㄱ자형 건물로 해결하려 했던 것이다.
	강화서도 중앙교회	1923년 건축 (인천문자 14)	작지만 삼랑식 내부공간을 갖춘 한옥예배당으로 정면에 2층 종탑이 있는 보기드문 사례이다.
	두동교회 구본당	1929년 건축 (전북문자 179)	ㄱ자형 한옥교회의 중요한 사례이며 보존상태 양호함.
등 록 (13)	봉화 척곡교회	1909년 건축 (등록 257)	1907년에 창립된 교회. 1909년에 건립된 예배당은 기독교 건축 초기의 평면과 공간구성을 보여주고 있을 뿐 아니라 개인의 선구적인 의지에 의해 설립된 종교건물이다
	목포 양동교회	1910년 건축 (등록 114호)	미국 남장로교의 선교사 유진벨(Rev. Eugene Bell, 한국어 이름: 배유지)이 목포 지역 최초의 교회로 설립하였던 양동교회의 본당이다.

문화재로 지정·등록된 개신교 교회당 유산

구 분	명 칭	년 대	유산 개요
등록 (13)	울진 행곡교회	1917년 건축 (등록 286)	조선 시대 울진읍성 병사 숙소로 쓰던 건물의 부재로 건립하였다. 동서로 긴 장방형으로, 남쪽에 주 출입구를 설치하고 좌우에 창문을 설치하였으며, 주 출입구로 들어가서 오른쪽에 강단을 배치하였다.
	강경 북옥감리교회	1923년 건축 (등록 42)	개신교 한옥교회로서 보기 드문 사례다. 종축보다 횡축이 넓은 장방형 평면 등 초기 기독교 한옥 교회건축 양식이다.
	여수 장천교회	1924년 건축 (등록 115)	현존하는 율촌면 최초의 석조건축물. 동일부지내에 교회의 성장과 함께 24년,74년, 2003년에 건축된 세 개의 예배당이 일자로 놓여있어 교회의 변천사를 알 수 있다.
	여수 구 애양원교회	1926년 건축 (등록 32호)	지상 2층 조적조 건축물로 일제 강점기 서구 선교사들에 의해 건축되었다.
	목포 중앙교회	1930년대건축 (등록 340)	이 건물은 일본 사찰 법당으로, 1957년부터 최근까지 교회로 사용되었다. 석재를 이용하여 일본 목조 불당의 건축 의장 요소를 표현한 보기 드문 외관을 보여주고 있다. 건물 내부를 전시·문화 시설로 활용하고 있다
	공주 제일교회	1931년 건축 (등록 472)	공주 선교부의 중심으로 한국전쟁 당시 상당부분 파손되었지만, 보수 시 벽체, 굴뚝 등을 그대로 보존하는 등 그 흔적들이 잘 남아있다.
	울진 용장교회	1936년 건축 (등록 287)	1936년경 건축된 팔작지붕의 근대한옥형 교회. 한옥형 개신교회 건축연구에 귀중한 자료가 된다.
	철원 감리교회	? (등록 23)	지상 3층 석조건축물로 한국전쟁 때 파괴되어 일부 흔적만 남아 있음. 일제 강점기 당시 기독교 반공청년의 활동장소였다.
	구 군위 성결교회	1937년 건축 (등록 291)	기독교가 지방에 정착하면서 충실하게 지어진 교회당 건축물의 효시. 1920년대 토착화된 교회의 모습을 보여준다.
	남제주 강병대교회	1952년 건축 (등록 38)	제주도산 현무암을 사용하여 벽체를 쌓고 목조 트러스 위에 함석지붕을 씌운 형태로 민간 건축 기술자의 참여 없이 공병대에 의해 건축되었다.
	영덕 송천예배당	1953년 건축 (등록 288)	미국 선교부의 지원을 받아 건립하였다. 동서로 긴 장방형의 평면에 출입구 위에는 박공지붕의 포치(porch)를 돌출시켜 정면성을 강조하였다.

문화재로 지정·등록된 성공회 성당 유산

구 분	명 칭	년 대	유산 개요
사 적 (1)	강화성당	1900년 건축 (사적 424)	순수한 한식 목조건물로 서양의 바실리카식 교회건축 공간구성을 잘 구현하였을 뿐만 아니라 배치 및 외부 공간구성도 한국의 구릉지 사찰건축 배치기법을 잘 응용하였다.
시 도 유 형 (5)	강화 온수리성당 사제관	1898년 건축 (인천유형 41)	영국 성공회가 선교를 시작하면서 영국인 신부가 한국 전통 주거문화 속에 어떻게 적응하고 왔는가를 짐작하게 할 수 있는 주거공간이다.
	강화 온수리성당	1906년 건축 (인천유형 52)	종루로 삼은 문루와 정면 9칸, 측면 3칸의 본당으로 이루어진 건물인데 한국의 전통적인 건축기법을 활용한 동서 절충식 삼랑식 목조성당이다.
	서울대성당	1926년 건축 1990년 증축 (서울유형 35)	영국인 아더딕슨의 설계로 지은 로마네스크 양식의 석재와 벽돌을 혼용한 조적건물이다. 十자형의 평면에 삼랑식 공간구조로 되어 있으며, 반지하에는 묘당이 있다.
	청주 수동성당	1935년 건축 (충북유형 149)	한식 목구조에 하방벽을 적벽돌로 쌓고 팔작기와지붕을 올렸다. 내부 공간은 2열의 고주로 인해 뚜렷한 삼랑식 공간을 이루고 있으며, 아치형 창호 등 한양절충식으로 성공회의 토착화 의지가 잘 구현된 건물이다
	인천 내동성당	1956년 중건 (인천유형 51)	한국전쟁 때 소실된 후 1956년에 중건되었다. 중건 당시 기초를 철근 대신 'H'형강을 사용하였다. 외벽과 주요부재는 화강암으로 견고하게 쌓아올린 중세풍의 석조이나 한국의 전통적인 목구조 처마양식을 가미하였으며 창호 및 벽체 부분의 처리가 뛰어나다.
등 록 (1)	진천성당	1923년 건축, 2003년 이축 (등록 8)	한식 목구조에 하방벽을 적벽돌로 쌓고 팔작기와지붕을 올렸다. 내부공간은 2열의 고주로 인해 뚜렷한 삼랑식 공간을 이루고 있는 한·양절충식 성당이다.

가톨릭(Catholic) '일반적 보편적' 이란 뜻의 그리스어에서 유래된 말. "하나이며 거룩하고 공번되고 사도로부터 이어오는 교회", 즉 특정 국가나 지방 민족에 국한되지 않고 인류 전체를 상대로 하는 세계적·보편적 교회라는 뜻이다.

까치발(bracket) 벽이나 기둥에서 돌출하여 차양·보·선반·내민 창 등을 지지하는 부재.

간(間, bay) 4개의 지주에 의해 구획된 공간 단위. 특히 서양 중세 교회 건축은 베이의 부가와 분절에 의해 계획되었음.

감리교(監理敎, Methodism) 18세기 영국 국교회 내의 종교부흥 운동에서 발전한 프로테스탄트의 한 교파. 존 웨슬리(John Wesley, 1703–1791)가 창시하였으며 '완전을 위한 체험 신앙'을 중시한다. 한국에는 미국 감리교의 선교로 1884년에 들어왔다.

감실(龕室, tabernacle) 성당 내에 성체를 모셔두는 곳.

강론대 강론을 위한 대. 강단. 영어의 ambo 또는 pulpit에 해당

강복(降福, blessing) '좋은 말을 하다', '찬미·찬양하다', '하느님의 은혜를 청원하는 것' 등의 뜻. 가톨릭 전례에서는 사제나 부제, 주교만이 교회의 행위로서 강복할 수 있으며, 평신도는 사적 행위로 강복할 수 있다.

감실

갤러리(gallery) 교회건축에서는 측랑(aisle)의 상층 부분으로 신랑(nave)에 면해 열려 있다.

거양성체(擧揚聖禮, elevation in the Mass) 미사에서 빵과 포도주를 성체와 성혈로 축성한 뒤 신자들이 쳐다보고 경배할 수 있도록 높이 올려드는 행위.

게쎄마니(Gethsemanie) 예루살렘 성전 맞은편 올리브산 기슭에 있는 정원. 예수는 30년 4월 6일 목요일 저녁 예루살렘 시내에 있는 친지의 집 2층 방에서 제자들과 최후의 만찬을 드신 다음, 키드론 골짜기를 지나 게쎄마니로 가시어 시시각각으로 다가오는 죽음을 예감하면서 간절히 기도하시다가 제자인 유다 이스가리옷이 데려온 최고 의회 하인들에게 체포되어 이튿날 새벽까지 최고의회에게 심문을 받으셨다.

고딕양식(Gothic style) 중세 스콜라 철학의 건축적 구현으로서 12세기 후반에서부터 15세기 말 유럽의 교회 건축을 중심으로 발달된 중세의 가장 완성된 건축양식. 일반적인 특징은 뾰족 아치, 리브 볼트, 족주, 버트레스, 플라잉 버트레스, 첨탑 등의 건축 요소를 사용하여 수직적 분절감을 강조하고 있다. 전시대의 로마네스크 건축이 양괴(massive) 건축이라 불리는데 비해 고딕 건축은 근골(framework) 건축이라 불린다. '고딕'의 어원은 '고트족(Goth)'에서 왔는데 자신들보다 문화나 교양이 낮은 서유럽 사람들의 건축이라는 뉘앙스로 르네상스의 이탈리아인이 사용한, 처음에

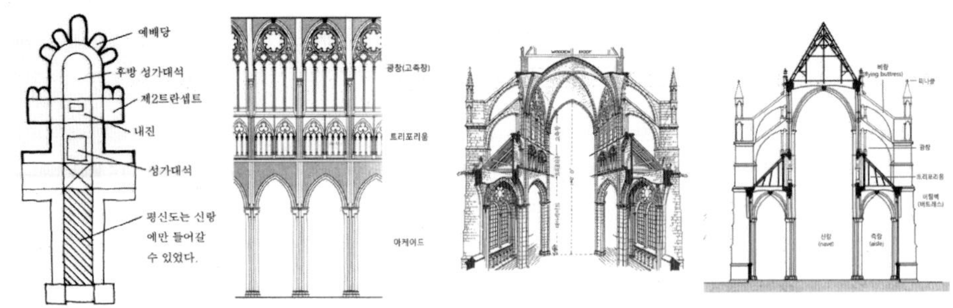

전형적인 고딕 성당

는 그다지 좋지 않은 의미의 말이었다.

고딕 리바이벌(Gothic Revival)　18세기 중기부터 19세기 전반에 걸쳐서 나타난 고딕 양식의 리바이벌 움직임이다. 영국을 중심으로, 프랑스나 독일에도 영향을 미쳤다. 영국에서는 고딕의 전통이 중세 이후에도 사라지지 않고 남아있었다. 18세기 중기에는 픽처레스크와 결합하여 중세풍을 연출하는 취미적인 성격이 강한 것으로 리바이벌 되어 유행했다. 19세기에 와선 신고전주의의 영향을 받은 고딕양식은 고고학적으로 검토되어 보다 정확한 건축양식으로서 세워지게 된다. 또한 기독교의 신앙과 결부되어 중세 사회 그 자체를 이상으로 삼으려는 움직임도 일어나, 그 때문에 영국에서는 독특한 고딕 부흥운동이 시작되어 교회당뿐만 아니라 역사나 공공건물도 이 양식으로 세워졌다.

고성소(古聖所, limbo)　이미 죽은 사람들 중에서 천국이나 지옥 또는 연옥 그 어디에도 머무르지 못하는 사람들이 머무르는 장소를 말한다.

고전주의(古典主義, Classicism)　일반적으로 고대 그리스·로마의 고전 예술을 모범으로 한 예술 방식. 이탈리아를 중심으로 하여 각지에 퍼진 르네상스 양식이 그 대표적인 실례. 반면 바로크, 로코코에 대한 반동과 새로 발견된 고대의 유적에 자극되어 18세기 말부터 19세기 전반에 걸쳐 일어난 고전주의 예술 경향은 신고전주의라 한다.

고해소(告解所, confessional)　성사적 고해를 듣기위한 장소. 가톨릭교회에서의 고해는 범한 죄를 사제 앞에 고백하여 회개하고 화해하는 것을 말한다.

골고타(Golgotha)　예수가 십자가를 짊어지고 가서 처형된 장소.

공의회(公議會, Council)　신앙, 윤리, 규범 등 종교적인 문제를 다루는 주교들의 회합.

공중회랑(triforium)　중세 양식의 성당에서 볼 수 있는 측랑(aisle) 상부의 어둡고 좁은 회랑. 보통 고딕 성당의 내부 벽면은 수직으로 3-4개의 부분으로 구분되는데 맨 아래로부터 아케이드, 트리포리움, 크리어스토리(광창) 그리고 또 하나의 광창으로 구성된다. 보통 세 개의 개방된 연속 아치로 되어 있기 때문에 트리포리움이라 부른다.

과월절(過越節, Passover)　　이스라엘 민족의 선조들이 이집트에서의 노예 생활에서 탈출하여 해방
　　　된 것을 기념하는 축제.

광창(clerestory)　　벽의 상부 천장면 가까이 높은 곳에 있는 창. 특히 고딕 성당의 광창은 스테인
　　　드글라스를 투과한 초자연적인 색광으로 영적인 내부 공간을 형성하는 데 결정
　　　적인 기여를 하였다.

꼭대기 장식(pinnacle)　　소첨탑. 고딕 양식의 건물에 사용되는 탑 모양의 장식물. 보통 버트레스의
　　　꼭대기, 박공, 계단탑(turret)의 꼭대기에 설치되며, 세장한 원추형, 또는 각추형
　　　의 꼭대기를 정화(final)로 장식한다.

교차부(crossing)　　십자형의 평면을 가진 교회당 건물에서 신랑(nave)과 익랑(transept)이 교차하
　　　는 부분. 보통 상부에 탑이 설치되며, 성가대석이 자리한다.

교회일치운동(ecumenical movement)　　분열된 그리스도계의 일치를 위한 운동.

국제주의 건축(International Architecture)　　1920년대에서 1930년대에 걸쳐 주창된 건축의 기능, 조
　　　형 표현을 근대 생활과 결부시키자는 운동. 과거의 양식과 단절하고 지역의 특수
　　　성보다는 국제적으로 보편화된 표현을 추구하여, 입방체의 벽면과 유리면의 평활
　　　한 구성을 취하였다.

궁륭(볼트, vault)　　아치를 토대로 한 곡면 천장의 총칭. 고대 로마
　　　이래 중세, 근세에 이르기까지 조적 구조에 있어 기
　　　본적인 구법임과 동시에 공간이나 형태의 특성을
　　　결정하는 중요한 요소로 되어 있다. 석조 또는 벽
　　　돌조가 보통이다.

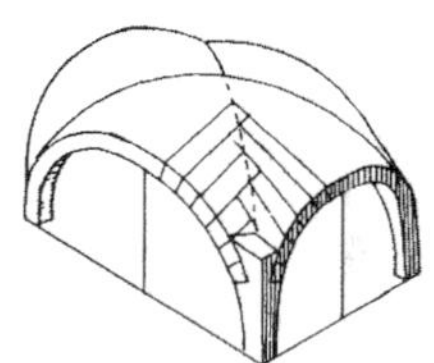

로마네스크의 교차 볼트

교차 궁륭(그로인 볼트, groin vault)　　두 개의 반원통형 궁륭의 교차
　　　에 의해 생기는 2방향 궁륭.

근골 궁륭(리브 볼트, rib vault)　　아치형의 근골(리브)을 뼈대로하여
　　　구성되는 궁륭.

반원통형 궁륭(베럴 볼트, barrel vault)　　반원형 단면으로 길게 된 일
　　　방향 궁륭.

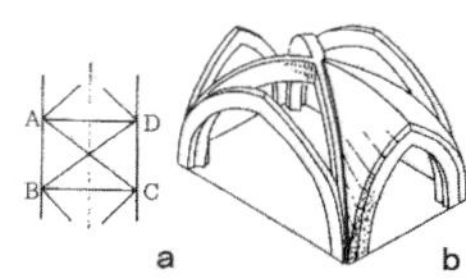

리브 볼트의 가구(a)와 6개의
아치(b)

사분형 궁륭(quadripartite vault)　　두루마리(web) 부분이 두개의 대
　　　각선 연결 뼈대(리브)에 의해 네 부분으로 구획된
　　　궁륭.

그레고리오 성가(Gregorian chant)　　로마 가톨릭 교회에서 미사를 비
　　　롯한 칠성사와 성무일도 등 모든 경신행위에 사용
　　　되는 고유성가. 음악(musica)이 아니라 노래(can-
　　　tus)로서의 기도이다.

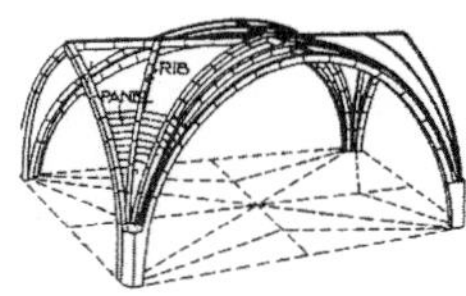

고딕의 6분 볼트와 리브

볼트 구조

기둥머리(柱頭, capital)　　기둥의 최상부를 형성하는 부재. 기둥 위

에 얹혀 상부의 하중을 균등히 기둥에 전달하는 역할을 하며, 상징적·장식적 역할도 한다.

기둥몸(shaft) 기둥머리와 주초를 제외한 기둥의 몸통부분.

ㄴ

나르텍스(narthex) 초기 그리스도교 교회당이나 비잔틴 교회당에서 입구와 신랑부 사이에 만들어진 옆으로 긴 공간, 배랑(拜廊)

내쌓기(코오벨, corbel) 상부 하중을 지지하기 위해 조금씩 내밀어 쌓는 조적방식.

내진(內陣, chancel) 교회 건축에서 중앙 제단을 중심으로 한 부분. 보통 제단과 성직자와 성가대를 위한 장소로서 십자형 평면의 경우 교차부 안쪽 부분이 이에 해당된다.

네이브(身廊, nave) 바실리카식 교회당에서 중앙의 보다 높고 넓은 광간. 보통 측랑(aisle)과는 열주로 구획된다. 라틴어로 배를 의미하는 navis에서 나온 말. 네이브 (nave)를 둘러싸는 측랑(aisle)과 천장 높이의 차를 이용하여 고측창(clearstory)이 설치되는 경우도 있다.

ㄷ

다발기둥(族柱, clustered pier) 중심이 되는 원주 주위에 소원주를 덧댄 기둥. 후기 로마네스크 건축 및 고딕 건축에서 자주 볼 수 있다.

단청(丹靑) 중국계 목조 건축에서 목부의 조악한 면을 감추고 보호하기 위해 아름답게 다채로운 색으로 도장하는 것. 붉은색과 청색이 주조가 되는 색채 의장기법이다.

닫집 대성당의 주교좌나 사찰의 불상 상부에 설치되는 지붕 모양의 장식 캐노피.

당초 문양 포도, 싸리, 국화 등의 넝쿨풀이 소용돌이 형태로 뻗어나가는 만초 꼴의 문양. 고대로부터 동·서양에 널리 사용 되었다.

도리 서까래를 걸려고 얹는 가로 놓인 부재. 보 및 서까래와 직각 되게 놓인다.

도머창(dormer window) 지붕 밑의 채광을 위해 지붕면에 돌출하여 만든 창.

독서대(pulpit) 말씀의 전례의 중심을 이루는 부분으로서 성서를 읽고 이에 대한 해설과 강론을 하는 장소.

돌림띠(frieze) 상층 바닥 위치 부근의 건물 외벽에 돌출시켜 만든 장식용의 수평대.

돔(dome) 원형, 정사각형, 정다각형 등의 벽체에 얹은 반구형의 조적 지붕. 로마, 비잔틴, 르네상스 건축에서 즐겨 채용된 지붕형식이다.

독서대(죽림동성당)

두루마리(web) 궁륭 천장에 있어서 뼈대(rib) 사이의 표면 또는 채움돌.

드럼(drum) 돔의 높이를 더하든가, 채광창을 붙이기 위하여 돔의 밑에 만든 원통모양의 벽체.

라멘 구조(lamen structure)　　기둥, 보, 슬라브의 구성 체계로 상부 하중을 지지하는 구조.

라틴 십자형(Latin Cross)　　길이 방향이 폭 방향보다 긴 십자형. 서방 교회의 성당 평면은 주로 라틴 십자형을 사용.

란세트 아치(lancet arch)　　뾰족 아치의 일종. 두 원의 중심간 거리가 아치의 스판보다 긴 것을 말함. 따라서 아치는 종으로 길며 끝이 예각으로 날카롭다.

러스티케이션(rustication)　　석재의 표면을 거칠게 다듬어 쌓는 방식. 르네상스 건축에서 건물 외벽 하부에 많이 쓰였다.

로마네스크 양식(Romanesque style)　　고딕 양식에 선행한 서양 중세 양식으로 10세기 말기부터 12세기에 걸쳐 프랑스, 이탈리아, 독일, 영국, 스페인 등 서유럽에서 기독교의 교회당 등을 중심으로 전개된 건축·미술 양식이다. 반원 아치의 둔중한 석조 궁륭의 지붕과 개구부를 특색으로 하며, 지붕의 하중과 횡압에 견디기 위하여 벽체를 중후하게 하여 창 면적이 적다. 고딕을 근골(筋骨) 건축이라 하는데 비해 양괴(量塊) 건축이라 한다. '로마네스크'라는 명칭은 고대 로마건축에서 파생했지만, 켈트나 노르만, 비잔틴, 이슬람 등의 다양한 영향을 받아 각국에서 특유의 조형이 만들어졌다. 또한, 서유럽의 5세기에서 9세기까지를 프리 로마네스크기라고 한다.

루네트(lunette)　　볼트나 돔을 형성하는 곡면에 파고들 듯이 열린 반원형이나 초승달형의 벽면을 말한다. 아치나 볼트로 골격이 이루어져 창문이 되거나, 그림이나 조각으로 장식되는 경우가 있다. 또한 벽면에 마련된 반원형을 한 창이나, 아치의 반원형 부분(tympanum이라고도 한다)을 말하기도 한다. 어원은 프랑스어로 '달(月)'을 의미하는 'lune'에서 비롯되었다.

루터파 교회(Lutheran Church)　　루터 (Martin Luther)의 종교개혁에서 시작되어 그의 주요 신학 사상인 루터주의(Lutheranism)를 중심으로 형성·발전된 프로테스탄트의 대표적인 한 교파. 칼뱅주의 교회, 영국 성공회와 더불어 3대 프로테스탄트 교파 중의 하나이다. 전례의식은 자유로우나 세례와 성만찬을 구원을 위한 필수 요건으로 중시한다.

르네상스(Renaissance)　　14~16세기 유럽에서 일어난 문화운동. 고대의 그리스, 로마 문화를 부활하여 이를 본받으려고 했다. 건축의 경우 오더나 프로포션에 의한 구성을 가진 이탈리아 고전풍의 건축양식이다. 또한 그 영향을 받아, 16세기 초 무렵부터는 프랑스나 스페인에서, 16세기 후기부터는 영국이나 독일에서 전개되었다. 르네상스는 '재생, 부흥'이라는 뜻으로 단순히 고대의 부활을 의미할 때에는 첫 글자를 대문자로 사용하지 않고 renascence라고 한다.

리바이벌(revival)　　건축이나 가구의 경우, 그것이 만들어진 때로부터 시대가 흘러 나중에 어떤 양식의 구성이나 모티브의 본보기가 되어 작품이 만들어지는 일이 있다. 이 현상을 리바이벌이라고 한다. 건축에서는 18세기 후기부터의 신고전주의(Neo-classicism) 시기 이후인 19세기에는 다양한 양식이 부흥되었다. 고대 그리스 건축에 기초한 그리크 리바이벌, 고딕 양식의 부흥인 고딕 리바이벌 등은 그 전형적인 예이다. 그 밖에도 네오 바로크, 네오 비잔틴 등 다양하다.

리브(rib)　볼트의 뼈대가 되는 부재. 기둥에서 기둥으로 걸친 아치로 되고 아치와 아치 사이의 무게를 기둥에 전달한다. 대부분이 구조적인 역할을 하지만, 때로는 단위구획을 분할하는 오직 장식의 역할만 할 때도 있다.

리브 볼트(rib vault)　→근골 궁륭.

리어도스(reredos)　제대 뒤편 상부의 장식적인 병풍.

ㅁ

마리아(Mary)　예수 그리스도의 어머니. 교회는 전통적으로 마리아를 '새 이브(New Eve)', '평생 동정녀', '동정녀 잉태(무염시태無染始胎, Immaculata conceptio Mariae)', '특별히 복 받은 여인', '중개자와 영적 어머니' 등으로 공경해 왔다.

멀리온(mullion)　창을 몇 개로 나누는 중간 기둥.

멘사(mensa)　고전 라틴어의 제대를 가리키는 용어. 다섯 축성 십자가가 조각된 돌 제단.

모듈(module)　건축을 설계할 때에 기준이 되는 치수나 단위로 특히 고전건축에서의 기준 척도이다. 모듈이라는 단어는 '방법'을 의미하는 라틴어의 'modus(영어로 mode)' 에서 나온 'modulus'에서 유래한다.

모르타르(mortar)　시멘트, 모래, 물을 반죽한 접착제.

몰딩(molding, 쇠시리)　문틀, 창틀, 기둥머리, 돌림띠 등의 건축 부재의 표면이나 가장자리의 외곽 또는 윤곽의 변화를 주기 위해 처리한 장식.

ㅂ

바로크 양식(Baroque style)　명쾌하고 안정된 불변의 미를 나타내는 고전에 대하여 감각적 효과를 노린 회화적이고 극적인 감동에 넘친 양식. 일반적으로 이탈리아의 르네상스 예술이 해체된 17세기의 미술을 일컫는다. 건축에 있어서는 음영이 뚜렷한 복잡한 곡선으로 극적인 표면을 가지며, 건축 전체는 회화적인 효과로 통일되어 있다.

바실리카(basilica)　로마시대의 법정. nave, aisle, transept으로 구성되는 三廊式 건물.

바실리카 양식(basilican style)　그리스도교 공인 이후의 교회건축의 기본 양식. 로마의 바실리카를 모델로 하였다. 최초의 바실리카 양식으로 지은 교회건축은 콘스탄틴 대제의 궁전이었던 라테란 대성전이며 교회건축의 기본 형식이 된 것은 4세기 콘스탄틴 대제가 완성한 옛 베드로 대성당이다.

발다키노(baldachin)　제단이나 주교좌 위에 설치되는 장식용 캐노피. 천개(天蓋)

발코니(balcony)　건물의 외벽에서 튀어나와 실내 생활의 연장으로서 이용되는 지붕은 없고 난간으로 둘러싸인 옥외의 바닥. 극장 같은데서 벽에서 돌출한 상층객석 부분.

벽기둥(pilaster)　벽면에서 조금만 튀어나와 있는 기둥, 편개주(片開柱)

베이(bay, 間)　중세 교회 건축에서 네 개의 기둥에 의해 구획되는 단위 공간. 기둥과 기둥, 창과 창, 보와 보, 테라스와 테라스, 또는 리브 볼트를 가로지르는 리브와 리브 등으로 둘러싸인 건축의 내부나 외부 공간을 구성하는 하나의 단위, 또는 구획. 단지 기둥에서 기둥까지의 거리라는 것뿐만이 아니라, 벽면이나 천장 등에 둘러싸인 평면적, 공간적인 넓이를 가지고 있다. 따라서 고딕 교회당에서 베이라고 하면 천장면의 리브 볼트에 의한 하나의 구획과, 볼트의 리브를 지탱하는 기둥으로 둘러싸인 공간을 말한다.

보　기둥 위에 직접 걸리거나 보다 큰 보에 연결되어 상부 하중을 지지하는 횡 구조 부재. 주로 휨강성과 전단강성에 의해 하중을 지지한다.

보울트(vault)　아치를 기본으로 한 곡면 천장의 총칭. 원통형 보울트(barrel vault), 교차 보울트(cross vault), 리브 보울트(rib vault) 등이 있다. 궁륭.

보회랑(ambulatory)　→ 엠블러토리

봉건제도(feudalism)　영주(領主), 가신(家臣)의 관계를 토대로 한 9세기에서부터 15세기까지의 유럽의 정치 제도. 충성, 봉사, 몰수로 특징지어진다.

부축벽(버트레스, buttress)　수평력에 대항하여 벽체를 보강키 위해 벽면 바깥으로 돌출되게 붙여 쌓은 벽. 석조 또는 벽돌조 건물의 볼트지붕 등 건물상부의 구조는 단순하게 수직방향 뿐만 아니라 벽을 내리누르려고 하는 힘을 가한다. 이 힘을 지탱하기 위해서, 벽의 부분을 일정한 간격으로 돌출시키거나 두껍게 하는데 이 부분을 버트레스라고 한다. 로마네스크 양식과 고딕양식의 건물에서는 자주 사용되고 있다.

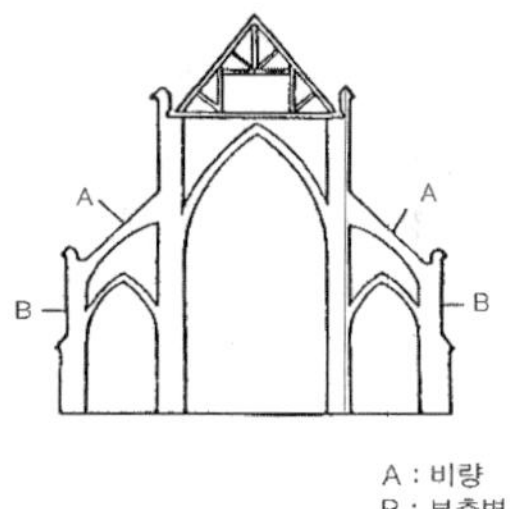

부축벽과 비량

분절(分節, articulation)　명확한 부분들로 구획되는 접합의 방법. 건축에 있어서 분절이란 각 요소가 분명한 성격과 기능으로 구분되면서 전체로 연결되고 통합되는 것을 말한다.

비늘창　환기, 차양, 소리의 전달 등을 위해 빗댄 살로 된 창.

비량(飛樑, flying buttress)　고딕 성당 건축에서 신랑부(nave)를 덮은 볼트의 측압을 외측의 버트레스에 전하기 위하여 측랑(aisle) 지붕 위에 걸쳐 놓은 아치형 구조물.

비잔틴 양식(Byzantin style)　4~15세기 이스탄불을 중심으로 한 비잔틴 제국의 건축 양식으로 그리스, 로마, 페르샤, 메소포타미아 등 동·서양 건축의 여러 요소를 합쳐서 만들었다. 벽돌을 주재료로 하고, 사각형 평면에 펜덴티브를 사용해 반구형 돔을 올렸으며, 모자이크와 동방 계통의 기하학적 문양의 부조 장식과 다채로운 색채에 의하여 환상적인 공간을 이루었다. 동방교회의 건축양식.

비트루비우스(M. Vitruvious, BC 1C)　로마의 건축학자, 건축분야 외에 급수공사와 군사시설의 설계 경험으로 De Architectura,建築論을 저술했음.

사제석　성당 내 성단(sanctuary)의 한 곳에 위치하는 사제의 자리.

삼위일체(三位一體, Trinity)　하나의 실체 안에 세 위격으로 존재하는 하느님의 신비를 지칭한다. 가톨릭 신앙의 최고의 신비요 주요한 계시 진리이다.

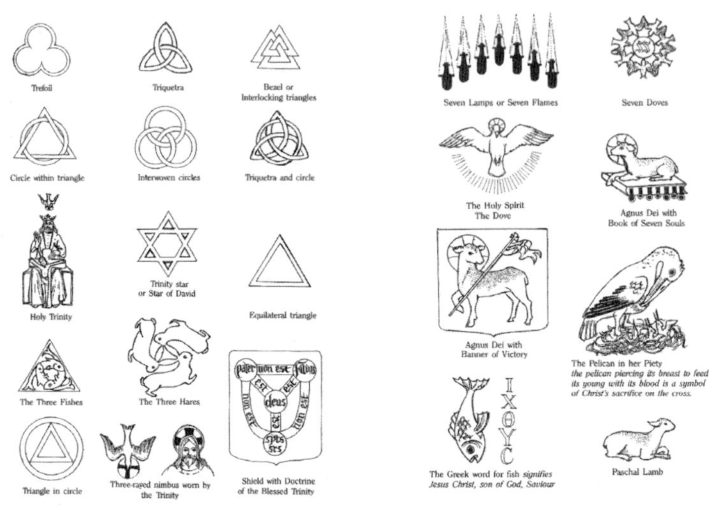

삼위일체 상징　　　　　　　　성령의 상징

성단(聖壇, sanctuary)　교회당 내의 중심이 되는 가장 성스러운 곳. 중앙 제대를 비롯하여 사제석, 강론대, 성서 봉독대 등이 위치하는 내진부 일대. 지성소(至聖所).

성령(聖靈, Holy Spirit)　삼위일체이신 하느님의 제 3위. '성신'이라고도 함.

성수반　성수를 담는 수반. 보통 돌로 만든다.

성체등　감실에 성체를 모셔둔 것을 알리고 그에 대한 존경의 표시로 켜놓은 빨간 등.

세딜라(sedilia)　성직자석으로 사용된 이동식 벤치.

세례반

세례반(font)　세례용 수반. 보통 돌로 만든다. 초기에는 성인이 침수하거나 완전히 물을 끼얹을 수 있도록 깊었으나, 유럽 세계가 거의 그리스도 교화 되고 유아 영세 위주가 됨으로써 점차 얕고 작아지게 되었다. '세례대'라고도 한다.

쇠시리　→몰딩 (moulding)

스콜라 철학(Scholasticism)　중세시대의 여러 학교(schola)에서 형성된 철학적·신학적 학설을 지칭
　　　하는 용어. 아리스토텔레스의 철학 사상에 근거한 고대 그리스 사상을 사상적으
　　　로 그리스도교 신앙의 원리를 발전시키는 데에 이용하여 근대에 전해 준 체계적
　　　인 가톨릭 철학·신학이다. 중세 스콜라 철학의 건축적 구현이 고딕성당이다.

스테인드 글라스(stained glass)　색유리 조각을 H자형 납틀에 끼고 납땜하여 모자이크 조립한 유
　　　리 장식. 고딕 성당 건축에서 최고조에 이른 색채 의장 기법으로서 내부 공간을
　　　초자연적인 색광에 의해 영적인 세계를 구현하였다.

스파이어(spire)　탑이라든지 튜렛 등의 꼭대기에 설치되어 끝이 뾰족한 원 또는 사각추 형태를 한
　　　구축물로, 교회당의 탑 등에서 자주 보인다. 대개 사각형의 탑에서 솟아 오른 스
　　　파이어의 밑 부분은 파라핏 등으로 숨겨져 있다. 그 중에는 밑 부분의 지붕에 여
　　　러 가지 고안을 하여 사각형이 그대로 팔각형으로 변해가는 것도 있는데, 이것은
　　　브로치 스파이어(broach spire)라고 부른다. 니들 스파이어(needle spire)는 문자
　　　그대로 탑에 대하여 솟아 오른 부분이 가느다란 침과 같은 형태를 한 것을 가리
　　　키는 명칭이다. 첨탑이라고도 한다.

시보리(ciborium)　제대 등 성스러운 곳의 상부에 석제, 금속제, 또는 목제의 기둥으로 받쳐진
　　　장식 구조물.

신고전주의(Neoclassicism)　고전 양식의 복고나 수용, 특히 18세기와 19세기에 활발하였다.

신랑(身廊, nave)　→ 네이브

십자가(十字架, Cross)　예수의 십자가 위 죽음 때문에 그리스도의 상징이 된, 가장 오래되고 가장
　　　보편적인 그리스도교의 표시이자 상징. 대속(代贖)의 표상이자 그리스도교 신앙
　　　을 통한 구원의 상징이기도 하다.

다양한 십자가 유형

아르누보(art Nouveau)　19세기 말부터 20세기 초기에 걸쳐서 유럽의 여러나라를 중심으로 일어
　　　난 장식·건축의 운동과 그 양식이다. 이 명칭은 1895년 파리에 개점한 장식·공예

품 가게의 이름에서 유래한다. 아르누보는 그때까지의 전통적 또는 역사적인 모
티브나 양식에 의하지 않고, 철 등의 새로운 재료에 대해서 새로운 디자인을 고
안하고자 하는 시도로, 유리제품에서부터 가구 등의 공예, 포스터 등의 회화, 그
리고 실내장식을 포함한 건축 등 여러 분야에서 전개됐다. 먼저 아트 앤 크래프
트 운동이 일어난 영국에서 시작, 이어서 벨기에와 프랑스, 독일, 오스트리아 등
으로 파급되었다.

아이콘(icon)　　성화(聖畵), 성상(聖像)

아일(aisle, 측랑)　　바실리카식 교회당에서 중앙 네이브(신랑) 양측의 보다 좁고 낮은 긴 복도 모양
의 부분. 측랑이라고 한다. 대규모 교회당에서는 신랑의 한 쪽에 2열의 측랑을 마
련하는 일도 있었다. 이 말의 어원은 고대 로마의 주택 양 끝에 있는 방, 즉 날개
방을 의미하는 'ala'에서 비롯되었다고 한다.

아치(arch)　　개구부 상부에 하중을 지지하기 위하여 돌이나 벽돌 등을 곡선형으로 쌓아 올린 구
조.

　　가로지른 아치(squinch arch)　　평면형이 4각에서 8각으로 변하는 부분 등에서 상부
하중을 지지하기 위해서 공간 위로 가로질러 만들어진 아치.

　　거친 아치(rough arch)　　보통 벽돌로 아치를 틀고 줄눈을 쐐기 모양으로 한 아치.

　　높은 아치(stilted arch)　　아치 안 둘레의 중심이 아치굽을 연결 한 선보다 위에 있
는 아치.

　　바른 아치(gauged arch)　　줄눈 두께가 나란히 되도록 정확한 아치 벽돌로 구축
한 아치.

　　반원 아치(semi-circular arch)　　아치 둘레가 반원형으로 된 아치.

　　뾰족 아치(pointed arch)　　두 원이 교차하여 꼭대기가 뾰족하게 된 아치.

　　부분 아치(segmental arch)　　둥근 원호의 일부분으로 구성된 아치.

　　짐받이 아치(relieving arch)　　인방 또는 아치를 강조하면서 그 위 또는 뒷면에 설치
되어 하중을 지지하는 아치.

　　평 아치(flat arch)　　아치의 안 둘레가 수평으로 된 아치.

　　횡단 아치(transverse arch)　　궁륭 천장 사이 또는 간(bay) 사이의 아치.

아치 기둥(respond)　　아치, 궁륭 또는 궁륭 천장 뼈대(rib)의 한 쪽 끝을 받치는 붙임 기둥.

아치 벽돌(voussoir)　　아치용으로 위가 넓고 밑이 조금 좁게 쐐기 모양으로 만든 벽돌. → 홍예석

아케이드(arcade)　　아치를 연속적으로 사용한 개방된 공간.

아트리움(atrium)　　초기 교회의 회랑으로 둘러싸인 전정(前庭).

아트 앤 크래프트(Arts and Crafts)　　영국의 19세기 후기부터 20세기 초에 걸쳐 윌리엄 모리스(W.
Morris, 1834~1896)가 중심이 되어서 일으킨 장식예술이나 공예를 혁신하려고
했던 운동이다. 기계에 의한 대량 생산이라는 생산방법을 부정하고 제품을 하
나씩 수작업으로 만드는 것을 목표로, 더욱 활발히 공방을 조직하고 다양한 영

역의 예술가와 협력해서 그 실현을 도모했다. 식물을 모티브로 한 벽지나 가구, 스테인드글라스, 타피스트리, 타이포그래피 등에서 참신한 디자인의 창조에 노력하였다.

암브리(aumbry, ambry)　성작, 성반 등 전례 용기를 두는 찬장. 보통 내진의 북쪽 벽에 설치된다.

앰불러토리(游步廊, ambulatory)　행렬을 위한 앱스 주위의 회랑. 수도원 등의 지붕이 있는 통로나 회랑. 특히 교회당에서는 동쪽에 있는 내진 부분의 제단의 배후를 도는 측랑을 말하며, 회랑(回廊)이라고 불린다. 그 외측에는 종종 성자 등을 모시는 제실(chapel)이 마련되는 경우가 있고, 회랑과 제실에 의한 내진(choir)의 구성은 프랑스 고딕 대성당의 특징을 이루고 있다. 이 말의 어원은 라틴어로 '걷는다'는 의미이며, 문자 그대로 그 의미는 '보행용 공간'이다.

앱스(apse)　바실리카식 교회당에서 내진부 끝단이 밖으로 내민 반원형 또는 다각형의 공간을 말한다. 건물에서 돌출하는 경우와, 그렇지 않은 경우가 있다. 천장은 대개 반(半) 돔을 가설한다. 여기에 제단(alter)이 놓이는 경우가 많고, 이 경우에는 후진이라고 불린다. 영국의 고딕 교회당에서는 평면은 반원형이 아니라 보통 직사각형을 하고 있다.

앱시돌(apsidiole)　작은 앱스로 구성된 반원형 예배실. 보회랑 주위에 방사 형태로 부가된다.

엑세드라(exedra)　반원형 또는 장방형의 벽으로 된 오목한 곳으로 앉기 위한 대를 가지고 있다. 또 보다 넓은 의미로는 방의 후진(後陣), 니치(niche) 또는 후진 모양의 단부(端部).

영성체(領聖體, Communion)　신자 공동체가 감사기도 중에 축성된 주님의 몸과 피를 나누어 먹고 마시어 그분과 함께 한 몸을 이루며, 그를 통해 믿는 이들이 서로 한 혈육을 이루는 예식.

영성체 난간(communion rail)　성단과 회중석을 구분하는 난간으로, 꿇어서 성체를 받아 모시는 대.

예수(Jesus)　예수라는 말은 히브리어의 Jehoshua(여호수아)에서 나온 말로서 어원의 뜻은 '도와준다' 혹은 '구원한다' 이다. 여기서 여호수아라는 이름은 '야훼는 구원자이다' 라는 뜻이다. 예수를 표시하기 위해서 그리스어 '$IH\Sigma O\Gamma\Sigma$' 의 첫 세글자 '$IH\Sigma$'를 로마자로 표시한다. 이의 기본이 되는 꼴은 Iota Eta Sigma 즉 'IHS'이다.

　　그리스도(Christ, Christus, $XPI\Sigma TO\Sigma$)　메시아(Messiah)라는 말은 히브리어의 '하 마시아'에서 온 말로서, 그리스 발음으로 '메시아스'가 되고, 번역하여 '크리스토스'가 된다. 뜻은 '기름 부음을 받은 자' 이다. 그리스도의 표시는 'Christus'의 그리스어 첫 두 문자 X(Chi)와 P(Rho)를 포갠 ☧이다.

예수 그리스도(Jesus Christus)　예수 그리스도의 상징은 그리스어의 I (Iota)와 X (Chi)를 쓴다.

오리엔테이션(orientation)　동쪽으로 향한 배치.

이디큘러(aedicula)　소신전(小神殿), 양옆에는 기둥을, 위에는 삼각형 박공을 가진 문이나 창 주위의 조형물. 소신전인 경우 속에 상(像)을 넣는다.

이형 벽돌　　보통 벽돌과 달리 형상, 치수가 규격과 다른 특이한 벽돌. 이형벽돌을 사용함으로써
순수 벽돌 조적만으로써 다양한 조각적 효과를 낼 수 있다.

익랑(翼廊, transept)　　십자형 평면의 교회당 건물에서 양쪽 날개 부분. 수랑(袖廊)이라고도 한다.

인방(lintel)　　기둥과 기둥 또는 문설주에 가로질러 벽체의 뼈대 또는 문틀이 되는 가로재.

잎장식 문양(foil)　　중세 성당의 창 장식에서 커스프(cusp)에 의해 분리되는 잎 모양 장식 문양. 원
의 개수에 따라 3잎원(trefoil), 4잎원(quadrifoil), 5잎원(cinquefoil)이 있고, 양식
화된 장식으로 포일리에이션이 있음.

장미창(rose window)　　커다란 원형창으로 창살(tracery)이 중심에서 방사상으로 뻗쳐 있다. 중세
특히 고딕 양식의 성당 건축에서 동서 양단 및 익랑 양단에 흔히 볼 수 있다. 고
딕교회당의 특징적 요소 중 하나다. 고딕 초기에는 트레이서리로 장식되었고 후
에는 스테인드글라스 등으로 한층 더 장엄하고 화려한 것이 만들어졌다. 트레이
서리의 세로 창살이 방사상으로 넓어져 가는 형상이 장미꽃을 연상시키며, 차바
퀴의 스포크와 유사하다는 점 때문에 이렇게 불린다.

장식 병풍(reredos)　　→리어도스

절충주의(折衷主義, eclecticism)　　1820년경부터 20세기 초두에 걸쳐 나타난 과거 양식의 절충적인
재흥을 목적으로 한 예술 양식. 르네상스, 바로크 양식뿐만 아니라 고금동서의
여러 양식과 모티프가 자유로이 선택 구성되었다.

제구실　　성당의 제기, 제구 등을 보관하는 방.

제단(altar)　　성단 내 전례의 중심이 되는 장소. 제대와 같은 뜻이나 엄밀히 말해 제대가 주님의 식
탁 자체를 의미한다면 제단은 제대와 제대가 놓이는 기저까지 포함한다.

제대(altar)　　성당의 중심으로서 그리스도의 십자가상의 봉헌이 기념되고 현재화되는 테이블. 고

정될 수도 있고 이동 제대일 수도 있다. 4세기 이후부터 돌로
만들기 시작했고 6세기에 와서는 반드시 돌로 만들어야 한
다는 규정이 생겼다. 지금은 고상한 재료이면 어떤 것도 사
용할 수 있다. 제대는 식탁이라는 이미지와 석관이라는 이미
지를 갖고 있다.

제의실(sacristy)　　성당의 제의를 보관하는 방.

제대(죽림동성당)

조오지안 양식(Georgian style)　　18세기의 세련된 영국 건축 양
식. 장식이 적고 각부 비례와 시공 기술에 있어 우수하다.

조적조(Masonry structure)　　벽돌, 블록 등의 덩어리로 된 부재를 수직으로 쌓아 상부하중을 지지
토록 한 구조. 주로 부재의 압축 응력을 이용한 구조다. 근대 이전까지의 유럽교

회 건축은 거의 조적조이다.

족주(族柱, clustered pier)　→다발기둥

주교좌(cathedra)　주교좌 성당 내 주교가 앉는 자리. 보통 성단 내 중앙 제대 뒤에 위치한다.

주교좌 성당(cathedral)　주교좌가 있는 성당. 각 교구에는 하나의 주교좌 성당이 있다. 이탈리아에
서는 Duomo, 독일에서는 Dom 또는 Münster라고 부른다.

주두(柱頭)　기둥머리. 기둥의 꼭대기 두부. 시각적으로는 지붕의 하중과 그것을 지탱하는 힘과의
접점이 되기 때문에 고대 이래 중요한 의장적·상징적 요소가 되어 왔다.

지성소(至聖所, sanctuary)　교회당 내의 중심이 되는 가장 성스러운 곳. 중앙 제대를 비롯하여 사
제석, 강론대, 성서 봉독대 등이 위치하는 내진부 일대. →성단

지하성당 (crypt)　교회당의 성단 하부 지하에 위치한 소성당. 때로는 성인의 유해실로 쓰인다.

징두리　벽체의 허리 높이 부분에서 밑으로 바닥까지의 사이를 말한다. 상부 벽체보다 견고하게
또는 장식을 위하여 널판, 석재를 붙이든가 칠하는 것이 보통이다.

ㅊ

차륜장(wheel window)　창살(tracery)이 차바퀴 모양인 원형창. 장미창의 일종.

창문 격자(tracery)　고딕식 창의 장식 격자. 유리를 끼우기 위한 선대, 가로살 등을 곡선과 직선
으로 장식적으로 배치함.

챈슬(chancel)　성당의 동쪽 끝부분. 성가대석(choir)과 성단(sanctuary)을 포함한다.→내진(內
陳)

총화형 돔(bulbous dome)　밑 부분이 양파 모양으로 부풀어 있는 돔.

측랑(側廊, aisle)　바실리카식 교회당에서 중앙 네이브(신랑) 양측의 보다 좁고 낮은 긴 복도 모
양의 부분. → 아일

ㅋ

카테드랄(cathedral)　로마 가톨릭 주교좌(主敎座) 대성당을 말한다. 영어로는 캐티드럴이 되지만
프랑스어로 읽은 카테드랄 쪽이 더 자주 쓰인다. 카테드랄은 교구의 모임으로 이
루어진 사교구의 핵이 되는 건물로, 주교좌(cathedra, 그리스어의 '의자'를 의미
하는 말에서 유래한다)를 가지고 있고, 주교(bishop)가 있는 성당이다. 건물 규
모의 대소는 그다지 중요하지 않고, 이 주교좌가 마련되어 있는가의 여부에 따라
서 교회당(church)과는 다르다. 로마 가톨릭 이외에도 그리스 정교, 영국국교회
에서도 사용된다.

카타콤바(catacomb)　로마시대의 지하 묘지. 통로와 유골을 안치하는 벽감이 있다. 박해시대 비
밀 집회 장소로 사용되었다.

칸첼리(cancelli)　초기 바실리카에서 사용되는 낮은 높이의 칸막이로 성단과 성가대로부터 회중

석을 분리시켜준다.

캐노피(canopy)　제대나 불상의 상부를 덮는 덮개.

코니스(cornice)　처마 또는 건물 벽 중간 등에 둘러 있는 띠 모양의 돌출부. 위치에 따라 처마 돌림띠, 벽 돌림띠, 천장 돌림띠 등이 있다.

코오벨(corbel)　상부 하중을 지지하기 위해 조금씩 내밀어 쌓는 조적방식.→내쌓기

콰이어(choir)　성가대의 자리. 신랑(nave)과 성단(sanctuary) 사이의 내진 부분. 교차부(cross-ing)를 사이에 두고 신랑에 마련하거나, 교차부나 신랑부분까지 연장하는 경우도 있다. 교회당의 내진을 구성하는 부분의 명칭에는 내진이 chancel, 제단이 alter, 제단이 있는 성소가 sanctuary, 사제석이 presbytery 등 다양한 단어를 들 수 있다. 성가대석은 성소 포함해서 내진 전체를 의미하는 일이 있고, 그 경우 chancel과 같은 의미로 쓰인다.

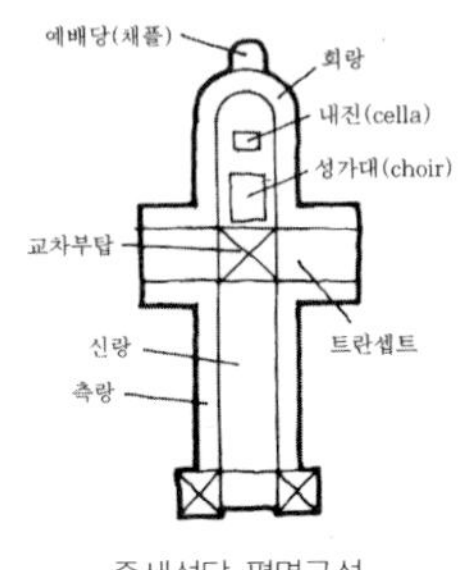

중세성당 평면구성

크레던스(credence)　제대 옆의 보조 테이블. 주수대.

크리프트(crypt)　묘실 또는 교회당의 지하 성당을 말하나, 때로는 2층 교회당의 아래층을 말하기도 한다. 특히 기독교의 교회당에서는 일반적으로 내진의 하부에 설치되며, 제단을 만들어 소예배실로 한다거나 성유물을 안치하거나, 매장 장소로 사용되는 일도 있었다. 반드시 지하이어야 하는 것은 아니며 반지하나 지상인 것도 있다. 이 말은 그리스어로 '숨겨진 장소'라는 의미의 단어로부터 왔다.

클로이스터(cloister)　중정 주위를 둘러싼 유개 보도(有蓋步道). 특히 수도원의 회랑을 일컬음.

클리어스토리(clearstory)　중세 바실리카식 교회당 내부에 빛을 끌어들이기 위해서, 그 벽면의 최상부에 측면복도(aisle)와의 높이차를 이용해 마련한 채광용의 창, 또한 그 창의 배열을 말한다. 클리어스토리의 'clear' 어원은 프랑스어의 'clair'로 '밝다'라는 의미이다. 현대 건물에서도 벽면의 상부 창을 클리어스토리라고 부른다.

E

튜더 장식(Tudor flower)　영국 후기 고딕 건축의 장식 형태로서 건물의 뾰족한 끝 또는 장식부의 직교 점에서 전개되는 직립 다이아몬드 형 또는 삼잎원 형태의 장식.

튜렛(turret)　원형 또는 다각형 평면의 소탑. 건물의 구석에 있어 계단실이 될 때가 많다.

트란셉트(transept)　십자형 평면의 교회당 건물에서 양쪽 날개 부분. 수랑(袖廊)이라고도 한다.　→ 익랑

트러스(truss)　부재를 기본적으로 삼각형 모양으로 조합하여, 그 교점을 핀으로 이은 구조를 말한다. 부재를 조립하는 방법에 의해서 킹 포스트 트러스, 퀸 포스트 트러스 등 여러 가지 형식이 있다. 역학적으로 말하면, 구성하는 부재에는 부재방향으로만 힘(引張力)이 걸리기 때문에, 부재를 부러뜨리려고 하는 힘(剪斷力)이라든지 구부러

지려는 힘은 작용하지 않는다.

트레이서리(tracery)　창의 장식 격자. 고딕 건축에서 가장 발달 하였다.→창문격자

팀파늄(tympanum)　박공벽 또는 아치에 의해서 둘러싸인 삼각형이나 원호 형태의 부분.

파고다(pagode, 塔)　불교의 탑.

파사드(façade)　정면. 보통 정면 현관 쪽의 입면을 말하나 건물에 따라서는 둘 이상의 파사드를 가지는 경우도 있다.

페디먼트(pediment)　고전 건축에 있어서 박공지붕의 박공 부분에 삼각형으로 된 벽 부분. 장식띠(cornice)로 둘려 있으며 의장상 중요한 역할을 한다. 그리스어로 팀파늄이라 한다.

편개주(pilaster)　벽면에서 어느 정도 돌출한 단면 방향의 기둥. 붙임 기둥.

포스트모던(post modern)　근대주의(modernism)에 대한 조형적인 비판으로 생겨난 예술 사조. 단순한 양식이라고 하기 보다는 고전적인, 또는 전통적·역사적인 모티브와 지방적인(regional) 요소, 혹은 토착적인(vernacular) 요소 등을 디자인에 적극적으로 받아들여가는 움직임으로, 1970년대 이후에 특히 뚜렷해진 경향이라고 말할 수 있다.

포치(porch)　건물의 출입구 앞에 본체에서 돌출하여 만든 지붕이 있는 곳. 따라서 한쪽은 건물 입구에 접하고 기타 3면은 개방되어 있다.

표현주의(Expressionism)　예술에 있어 표현의 한 경향. 대상의 실제보다는 주체의 감성이나 예술가의 반응을 표현한다. 건축을 개인적인 감정의 표현으로 간주.

플라스터(plaster)　소석회, 여물, 해초 등을 섞어 만든 미장용 반죽.→회반죽

플라잉 버트레스(flying buttress)　고딕 성당 건축에서 신랑부를 덮은 볼트의 측압을 외측의 버트레스에 전하기 위하여 측랑 지붕 위에 걸쳐 놓은 아치형 구조물. →비량

피나클(pinnacle)　소첨탑. 고딕 양식의 건물에 사용되는 탑 모양의 장식물. 보통 버트레스의 꼭대기, 박공, 계단 탑(turret)의 꼭대기에 설치되며, 세장한 원추형, 또는 각추형의 꼭대기를 정화(final)로 장식한다. → 꼭대기 장식

Window Heads

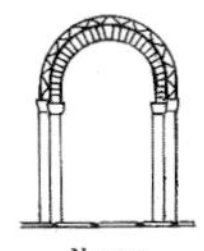
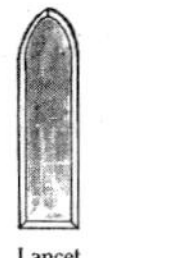
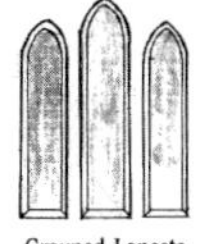

Tracery

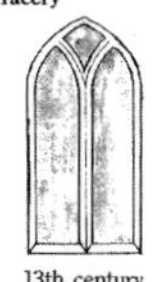
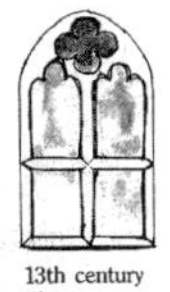

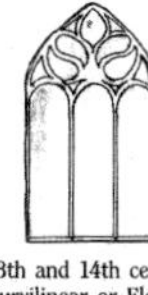

창 트레이서리 유형

필라스터(pilaster)　벽면에서 어느 정도 돌출한 단면 방향의 기둥. 붙임 기둥. 기둥이라고는 하지만, 구조적인 역할을 하는 것은 아니다. 오히려 디자인의 측면에서 벽면을 장식하거나 악센트를 주기 위해서 쓰인다. 고전건축의 경우, 이러한 기둥에도 정식으로 오더의 장식을 한 것이 많은데, 건축가의 창의로 간략화된 것도 있다. → 편개주

해머 빔(hammer-beam)　영국 중세건축의 가옥에서 볼 수 있는 벽의 상단 부분에서 돌출한 외팔보(캔틸레버)를 말한다. 해머 빔은 가옥의 지붕틀을 대신하여 설치된 것으로 버팀대(brace)에 의해 지탱되고 또 그자체도 그 끝 쪽에서 위쪽으로 뻗은 버팀대를 지지하고 있다. 이렇게 하면 가옥의 지붕틀에 가려지지 않은 공간을 형성할 수 있다.

홀처치(hall church)　기독교 교회당의 한 가지 타입으로 바실리카식과 같이 신랑(nave)과 측랑(aisle)으로 이루어진 삼랑식(三廊式)이기는 하지만, 신랑(nave)과 측랑(aisle)의 천장 높이를 거의 같게 한 교회당, 또는 내부열주가 없이 하나의 공간으로 된 강당형의 교회당을 말하기도 한다.

홍예석　아치용으로 위가 넓고 밑이 조금 좁게 쐐기 모양으로 만든 벽돌이나 돌. →아치 벽돌

회반죽　소석회, 여물, 해초 등을 섞어 만든 미장용 반죽. →플라스터

단행본

공세리본당 100년사 편찬위원회, 『공세리본당 100년사』, 천주교 대전교구 공세리 교회, 1998

김성태신부 고희기념논총 간행위원회, 『한국 천주교회의 역사와 문화』, 한국교회사연구소,
　　　2011

김성호, 『종교건축기행 34』, W미디어, 2007

김옥희, 『오륜대 한국순교자 기념관』, 한국순교복자수녀회, 1996

김정동, 『고종황제가 사랑한 정동과 덕수궁』, 도서출판 발언, 2004

김정신, 『건축가 알빈신부』, 분도출판사, 2007

김정신, 『유럽 현대 교회건축』, 가톨릭출판사, 2004

김정신, 『한국 가톨릭 성당 건축사』, 한국교회사연구소, 1994

김진소, 『천주교 전주교구사』, 천주교 전주교구, 1998

김진소 외, 『한국사회와 천주교』, 디자인흐름, 2007

김창문·정제선, 『한국 가톨릭 어제와 오늘』, 가톨릭코리아사, 1963

대한성공회백년사 편찬위원회, 『대한 성공회 백년사』, 대한성공회 출판부, 1990

마백락 선생 교회사연구 50주년 기념논총 간행위원회, 『발로 쓰는 한국 천주교의 역사』, 분도
　　　출판사, 2011

명동천주교회, 『명동천주교회 200년사 제2집 명동성당 건축사』, 한국교회사연구소, 1988

문화재청, 『명동성당 실측조사 보고서』, 문화재청, 2002

문화재청, 『한국의 근대문화유산(가려뽑은 등록문화재30선)』V.1, 문화재청, 2004

문화재청, 『한국의 근대문화유산(가려뽑은 등록문화재30선)』V.2, 문화재청, 2007

문화체육부, 『한국종교의 의식과 예절』, 화산문화, 1996

민경배, 『한국기독교회사』, 대한기독교출판사, 1986

숭실대학교 한국기독교문화연구소 기획 조창한 외, 『한국 기독교와 예술』, 풍만, 1987

오영환·박정자, 『가족이 함께 가는 성지순례』, 가톨릭출판사, 2011

용소막본당 100년사 편찬위원회, 『용소막본당 100년사』, 천주교 원주교구 용소막교회, 2004

원주교구사 편찬위원회, 『원주교구 30년사』, 천주교 원주교구, 1996

윤선자, 『한국 가톨릭 문화유산과 절두산 순교 기념관』, 절두산 순교 기념관, 1999

이은석, 『아름다운 교회건축』, 두란노서원, 2008

이정구, 『한국 교회건축과 기독교 미술 탐사』, 도서출판 동연, 2009

장동하, 『개항기 한국 사회와 천주교회』, 가톨릭출판사, 2006

정시춘, 『교회건축의 이해』, 도서출판 발언, 2000

주비언 피터 랑(박영식 역), 『전례사전』, 가톨릭출판사, 2005

천주교 감곡교회, 『감곡본당 100년사 제2집 감곡성당 건축사』, 천주교 감곡교회, 1996

천주교 대전교구 60년사 편찬위원회, 『대전교구 60년사』, 대전교구사연구소, 2008

천주교 서울대교구 혜화동교회, 『우리와 함께 머무소서』, 도서출판 기쁜소식, 1996
천주교 춘천교구, 「주님의 집, 우리의 집」, 천주교 춘천교구, 2010
최석우, 『한국 천주교회의 역사』, 한국교회사연구소, 1982
최석우신부 수품 50주년 기념 사업위원회, 『한국천주교회사의 성찰』, 한국교회사연구소,
        2000
한국교회사연구소, 『김수환』, 천주교서울대교구, 2001
한국교회사연구소, 『빛·믿음·흔적』, 한국교회사연구소, 2004
한국교회사연구소, 『서울대교구사』, 천주교 서울대교구, 2011
한국교회사연구소, 『인사이드 한국천주교회』, 한국교회사연구소, 2010
한국교회사연구소, 『한국천주교회사』 1-4, 한국교회사연구소, 2009-2011
한국가톨릭대사전 편찬위원회, 『한국가톨릭 대사전』 제1권-12권, 한국교회사연구소, 1994-
        2006
한국천주교 중앙협의회, 『제2차 바티칸공의회 문헌』, 한국천주교 중앙협의회, 2002
加藤常昭 外, 『敎會建築』, 日本 基督敎出版局, 1985
土屋吉正(최석우 역), 『미사, 그 의미와 역사』, 성바오로출판사, 1990

논문

김문수, 「천주교 건축유산의 수리에 관한 연구」, 목원대학교 박사학위논문, 2008
김승배, 「한국·중국·일본의 그리스도교 교회건축 수용에 관한 연구」, 단국대학교 박사학위
        논문, 1999
김정신, 「한국 가톨릭 성당건축의 수용과 변천에 관한 연구」, 서울대학교 대학원 건축학과 박
        사학위논문, 1989
김정신, 「20세기 현대교회건축운동에 관한 비교연구」, 『건축역사학회지』 제8권 4호, 1999
김정신, 「성공회 서울 대성당의 건축양식과 그리스도교 빛의 미학」, 『미학·예술학 연구』 제19
        호, 한국미학예술학회, 2004
김종기 외, 「가시체계로 본 강원도 성당 건축의 평면구성 변천 연구」, 대한건축학회논문집 제
        24권 7호, 2008
도선봉, 「한국 근대건축 형성과정에서 나타난 미국 장로회 선교건축의 특성」, 충북대학교 박사
        학위논문, 2002
홍순명, 「한국 개신교 교회건축의 유형변천에 관한 연구」, 서울시립대학교 박사학위논문, 1991

보고서

강원대학교 부설 조형예술연구소, 「근대문화유산 목록화 및 조사」, 강원도, 2003
경동대학교 산학협력단, 「홍천성당 기록화 조사 보고서」, 문화재청, 2007
단국대학교 산학협력단, 「근대문화유산 종교건축물 일체조사보고서」, 문화재청, 2009
단국대학교 산학협력단, 「횡성 풍수원 성당 구사제관 기록화조사보고서」, 문화재청, 2011
단국대학교 산학협력단, 「춘천 소양로 성당 기록화조사보고서」, 문화재청, 2011

동남종합건축사 사무소, 「강원도 지정문화재 실측조사보고서-풍수원성당」, 강원도, 1999
목원대학교 건축근대사연구실, 「전주 전동성당 및 사제관 실태조사보고서」, 천주교 전주교구
　　　　전동교회, 2003
목원대학교 건축근대사연구실, 「용산신학교와 원효로성당 실태조사보고서」, 학교법인 성심학
　　　　원·재단법인 성심수도회, 2004
무진종합건축사 사무소, 「약현성당 정밀실측 및 수리보고서」, 천주교 서울대교구 중림동성당,
　　　　2004
죽림동 본당 70년사 편찬위원회, 「죽림동 본당 70년사」, 천주교 죽림동교회, 1990
한림성심대학 산학협력단, 「춘천 죽림동성당 기록화 조사 보고서」, 문화재청, 2005
한림성심대학 산학협력단, 「원주 원동성당 기록화 조사 보고서」, 문화재청, 2005
한림성심대학 산학협력단, 「삼척 천주교 성내동성당 기록화 조사 보고서」, 문화재청, 2006
한림성심대학 산학협력단, 「원주 천주교 대안리공소 기록화 조사 보고서」, 문화재청, 2007

웹사이트

가톨릭 인터넷 굿뉴스 http://www.catholic.or.kr
문화재청 홈페이지 http://www.cha.go.kr
한국정교회 홈페이지 http://www.orthodox.or.kr
대한 성공회 주교좌성당 홈페이지 http://www.cathedral.or.kr
한국천주교 주교회의 http://www.cbck.or.kr